U0240247

规划教材　精品教材　畅销教材

高等院校艺术设计专业丛书

环境艺术设计原理 | 下 / 第4版

LANDSCAPE DESIGN

◀ PRINCIPLES ▶

— 董万里 许 亮 / 编著 —

重庆大学出版社

图书在版编目(CIP)数据

环境艺术设计原理. 下/董万里，许亮编著. —4版. —重庆：重庆大学出版社，2009.10（2018.8重印）

（高等院校艺术设计专业丛书）

ISBN 978-7-5624-3908-0

Ⅰ.环… Ⅱ.①董…②许… Ⅲ.建筑设计：环境设计—高等学校—教材 Ⅳ.TU-856

中国版本图书馆CIP数据核字（2009）第131693号

高等院校艺术设计专业丛书
环境艺术设计原理（下）（第4版） 董万里 许 亮 编著
HUANJING YISHU SHEJI YUANLI (XIA)
策划编辑：周 晓
责任编辑：张菱芷 书籍设计：汪 泳
责任校对：贾 梅 责任印制：张 策

重庆大学出版社出版发行
出版人：易树平
社 址：重庆市沙坪坝区大学城西路21号
邮 编：401331
电 话：(023) 88617190 88617185（中小学）
传 真：(023) 88617186 88617166
网 址：http://www.cqup.com.cn
邮 箱：fxk@cqup.com.cn（营销中心）
全国新华书店经销
重庆巍承印务有限公司印刷

开本：889mm×1194mm 1/16 印张：6.5 字数：213千
2018年8月第4版 2018年8月第10次印刷
印数：19 001—20 000
ISBN 978-7-5624-3908-0 定价：42.00元

再版说明

“高等院校艺术设计专业丛书”自2002年出版以来，受到全国艺术设计专业师生的广泛关注和好评，已经被全国100多所高校作为教材使用，在我国设计教育界产生了较大影响。目前已销售一百万余册，其中部分教材被评为“国家‘十一五’规划教材”“全国优秀畅销书”“省部级精品课教材”。然而，设计教育在发展，时代在进步，设计学科自身的专业性、前沿性要求教材必须要与时俱进。

鉴于此，为适应我国设计学科建设和设计教育改革的实际需要，本着打造精品教材的主旨进行修订工作，我们在秉承前版特点的基础上，特邀请四川美术学院、苏州大学、云南艺术学院、南京艺术学院、重庆工商大学、华东师范大学、广东工业大学、重庆师范大学等10多所高校设计专业的骨干教师联合修订。此次主要修订了以下几方面内容：

1. 根据21世纪艺术设计教育的发展走向及就业趋势、课程设置等实际情况，对原教材的一些理论观点和框架进行了修订，新版教材吸收了近几年教学改革的最新成果，使之更具时代性。

2. 对原教材的体例进行了部分调整，涉及的内容和各章节比例是在前期广泛了解不同地区和不同院校教学大纲的基础上有的放矢地确定的，具有很好的普适性。新版教材以各门课程本科教育必须掌握的基本知识、基本技能为写作核心，同时考虑艺术教育的特点，为教师自己的实践经验和理论观点留有讲授空间。

3. 注重了美术向艺术设计的转换，凸显艺术设计的特点。

4. 新版教材选用的图例都是经典的和近几年现代设计的优秀作品，避免了图例陈旧的问题。

5. 新版教材配备有电子课件，对教师的教学有很好的辅助作用，同时，电子课件中的一些素材也对学生开阔眼界，更好地把握设计课程大有裨益。

尽管本套教材在修订中广泛吸纳了众多读者和专业教师的建议，但书中难免还存在疏漏和不足之处，欢迎广大读者批评指正。

高等院校艺术设计专业丛书编委会

2018年6月

目　录

1 空间概述

空间是建筑的主角，空间是环境艺术设计的核心，正确理解和把握空间，对每一个从事建筑、规划和环境艺术设计的人员来说是最基本的素质和要求。无论是环境设计、建筑设计，还是室内设计，其主体与本质都是对于空间的丰富想象与创造性设计。

图1-1　空间场的形成

1.1　空间的概念与性质

按《现代汉语词典》上的解释，空间“是物质存在的一种客观形式，由长度、宽度、高度表现出来”。空间是与实体相对的概念，空间和实体构成虚与实的相对关系。我们今天生活的环境空间，就是由这种虚实关系所建立起来的空间。空间对宇宙而言是无限的，而对于具体的环境事物来说，它却是有限的，无限的空间里有许多有限的空间。在无限的空间里，一旦置入一个物体，空间与物体之间立即就建立了一种视觉上的关系，空间部分的被占有了，无形的空间就有了某种限定，有限、有形的空间也就建立起来了。譬如，我们在沙滩上撑起一把遮阳伞，伞的底下就形成了一个小小的独立天地。尽管四周是开敞的，但是这并不影响人们对这独立空间的理解，人仍然可以感觉到空间场的存在。类似的例子在我们周围处处可见，如一棵大树、一堵围墙、一个水池，都可以形成一个空间场（图1-1）。

图1-2　建筑等构成城市空间

由建筑所构成的空间环境，称之为人为空间，而由自然山水等构成的空间环境叫做自然空间。我们研究的主要是人们为了生存、生活而创造的人为空间，建筑是其中的主要实体部分，辅助以树木、花草、小品、设施等，由此构成了城市、街道、广场、庭院等空间（图1-2）。

图1-3　室内空间

建筑构成空间是多层次的，单独的建筑可以形成室内空间，也可以形成室外空间，如广场上的纪念碑、塔等（图1-3、图1-4）。建筑物与建筑物之间可以形成外部空间，如街道、巷子、广场等，更大的建筑群体则可以形成整个城市空间。

图1-4　欧洲城市广场

1.1.1　空间的物质性

老子在《道德经》里“埏直以为器，当其无，有器之用。凿牖户以为室，当其无，有室之用”的精辟论述，一直被中外建筑业内人士奉为经典。通俗地解释，即人们造房屋、筑围墙、盖屋顶，而真正实用的却是空的部分；围墙、屋顶为“有”，而真正有价值的却是“无”，是空间；“有”是手段，“无”才是目的。然而，“有”“无”是矛盾的统一体，空间的性质仍然首先体现为它的物质性。

空间的物质性首先体现在空间的构成要有一定的物质基础和手段。立墙、盖顶乃至开设门窗等，其物质材料和技术手段运用，就是为了形成特定的空间，为了实用、坚固。没有墙、地、顶，也就没有合乎需要的空间。建筑中，人们用各种方法围合、分隔，其意也在于制造各种不同的空间，适合人们不同的需要。这是空间物质性的第二层意义，即空间必须满足功能需要。满足人在空间中的各种活动所需条件，它包括行为的方便，以及光照、温度、湿度、通风等环境要求。内容决定形式，不同的功能要求提供不同的物质和技术手段。如，住宅的功能是由人每天生活活动规律和行为特点决定的，它由各个大小、形式不同的空间构成一个组合空间，其中包括卧室、客厅、卫生间、厨房等，由此满足家庭生活的基本要求；体育馆、影剧院的功能要求主体上有一个大空间与若干个小空间的组合；办公室、学校等建筑则是基本空间相似的一个系列空间组合。但不管采用什么物质材料，什么结构，什么形式，其空间的基本目的首先都是为了满足功能的需求。当然，物质和技术手段也不应是被动的适应，先进和完善的技术与物质手段可以启发和促进新的空间形式的出现，以满足更高的功能要求（图1-5）。

图1-5 玻璃和金属的组合，形成与传统迥异的视觉感受

图1-6 欧洲教堂

1.1.2 空间的精神性

如同其他艺术形式一样，空间的物质性在设计中表现为首要的和最基本的性质，但它不是唯一的，空间除了满足物质功能需要外，它还要满足人精神上必不可少的需求。在画家用色彩、线条造型，雕塑家用体造型的时候，其所要表达的意义远超出形体自身。建筑师和室内设计师同样如此，他们利用空间来表达情感、表达意蕴、表示象征、表现更深层的意义。空间创造与绘画及雕塑的区别在于：绘画虽然表现的是三维对象，用的却是二维语言，雕塑虽是三维的，但它与人分离，人只能在远处观看；而空间设计除了使用三维语言，还将人置于其中，空间的形态随着人的移动而产生变化，因此有四度空间之说。空间的形体语言可以传达崇高、神圣、稳定、压抑等意义。例如，高直的空间给人以崇高的感觉，过于低矮的空间使人压抑，金字塔式的空间让人觉得安稳（图1-6）。中国古代建筑的对称空间组合显示了“居中为尊”的理念，如故宫等皇家建筑；而中国古代的园林建筑则恰恰相反，追求与自然环境的统一和谐，产生了自由的空间形式和组合，造就了天人合一的境界（图1-7、图1-8）。建筑是通过空间、形体、色彩、光线、质感等多种元素的组合整体地表现精神性的，但是空间是主要的，起着决定性的作用，其他的元素只起着加强或减弱空间的艺术效果的作用。同时，空间可以表达情感，反映地区、民族等文化特点。

图1-7 北京故宫鸟瞰

1.1.3 空间的社会性

空间对于人类，不仅具有生物性意义，而且具有更重要的社会性价值。每个人处在高度社会化的环境中，依靠相互交流、共同协作，人类才

图1-8 中国的园林

得以生存和繁衍。社会化的人有道德、伦理的规范和行为的准则，也有共同的理想和精神美的愿望和追求，空间则是上述这些社会性意义和价值的载体。空间也是人类交流的一种语言，人们按照对空间语言的理解行事，这种语言是人们共同制定和运用的，如果一个人错误地使用了这种语言，就会立即引起不满、敌对和鄙视等反应。在普通的生活领域，同样存在着空间语言所形成的行为规范准则：在中国传统的民间家庭，小辈坐在了本是属于长者的座位上，必定受到严厉斥责；在公共场所，陌生人之间有一个安全距离，一旦超越它进入亲密空间，将产生被侵犯的感受；银行取款，一条绳索、一条黄线就是传递次序和空间的信息，当你作为嘉宾被特邀参加一个会议，却发现嘉宾位已被人占据时，同样会感到不愉快。

空间的设计与创造，凡联系到社会性因素和意义时，必然要求对空间语言有较完全的解读，才能准确地表达信息。无论在范围极小的家庭亲密关系内，还是朋友、同事之间的较近的社会关系，或者是更大范围的公众之间的社会关系中，都有与之相适应的空间语言。长幼、身份、性别、部落、职业、宗教、经济条件、政治主张等方面的不同和差异，都要求有相应的空间表现。空间在社会中扮演着极为重要的角色，其在很大程度上维护着社会秩序和人际间相互的和谐，这就是空间的社会性意义。

图1-9　现代材料和技术所构成的室内空间

图1-10　中国北方传统民居院落

图1-11　空间的形式美

1.1.4　空间的多元多义性

对于空间的理解不能仅仅停留在物质性和精神性两个方面，空间是一个多元多义的、复杂的综合体，对它的理解涉及哲学、伦理、艺术、科学、民族、地域、经济等各个方面。建筑师和设计师们不仅要研究有形的空间组成要素，如建筑、场地、绿化及技术手段等，还要研究无形的组成要素，如社会、道德、伦理、习俗、情感等。空间是交流的媒介，空间是行为规范的提示。因此，只有真正完全地理解和掌握空间知识，才能有一个开阔的视野，以适应建筑师和设计师的职业要求。

空间的多元多义性在空间的设计创造中表现在以下几个方面：

（1）空间创造需要科学、哲学、艺术的综合

空间建筑的设计必须充分考虑材料、结构、技术以及经济等因素，必须按照科学的规律和自然的法则，确定一个合理的、科学的、经济的最佳方案。这体现了空间设计的理性思维方式（图1-9）。

空间设计除了满足使用功能外，还应考虑人的活动规律、道德观念、风俗习惯、价值观念和社会行为规范等，按人性空间的要求来设计一个符合社会行为、道德规范等的空间。这体现了空间设计的哲学范畴（图1-10）。

空间是依靠形体来表现内容的，这就需要艺术的想象力，用建筑材料，通过点、线、面、体的处理，创造有意味的形式，用符合形式美的规律和符合人的审美特征和情感表现的手段创造一个直观的、具有艺术魅力的空间形态。这又体现了空间设计的形象思维方式（图1-11）。

（2）空间设计施工的物化过程是多主体的社会行为

与纯艺术制作不同，建筑空间设计首要的是围绕着使用对象进行思考，而不是设计师对自身的关注。使用对象就是一个社会性的个体集合，个体的差异性使建筑设计具有了复杂的多主体性质。建筑空间设计不是个人行为，从设计方案审批，计划实施到最后的使用和管理，需要经过许多人的参与合作才能最后完成。这点与纯艺术的创造有本质的区别。

（3）对空间理解的模糊性特征

空间是以其形态来表达它的意义和内涵的。但同一形体对于不同文化、不同年龄、不同性别的人会产生不同的认识和理解。简单地说，同一形体可以产生几种或多种认识和理解，反之，同一个内容也可以有多种的表现形式。这是建筑空间抽象形态表现的特点，是与音乐及其他一些抽象艺术具有的共同特征。建筑空间的形式表达不是一个确定的“约束性的”信息，而是以一种模糊的语言，凭感觉去感受的“非约束性的”信息，它所表达的信息具有很大的模糊性。正由于它的这一特点，空间艺术才可能使人产生更大的想象，使读者或观者共同地参与到设计和创造之中（图1-12）。

图1-12　一种空间形式或装饰样式可以产生多种理解，这是建筑信息表达的模糊性特征

1.2　空间的构成与造型元素

1.2.1　空间的构成

人们认识事物是由表面形态、内在结构、深层涵义等几个方面由浅入深地展开的。建筑空间也具有形态、结构和涵义这几个构成要素。形态、结构、涵义紧密相连，是一个事物的多个方面，正确理解形态必须联系结构、涵义，对结构或涵义的理解也同样要联系其他两方面。为了更明晰、更深入地认识和理解形态、结构、涵义，我们不妨把它们分别加以阐述。

（1）空间形态

建筑空间作为一种客体存在，从几个方面与人发生交流。一方面，它以物质存在的形状、大小、方位、色彩、光、肌理以及相互间的组织关系与人发生刺激、反应的相互作用。它以一种信息的载体，对人的行为和心理产生作用。另一方面，除了空间形态的客观要素外，它还蕴涵着表情、态势和意义，反映着设计者个人、群体、地区和时代的精神文化面貌。另外，建筑空间的形式也不像绘画和音乐创造那样有较大的任意性，建筑空间形式受着使用功能和技术的制约。因此，它的形式，也反映着建筑科学的水平，包含空间结构设计的合理性等。建筑空间形态的成分富含“感性材料”（形状、大小、方位、色彩、光、肌理），“构成形式”（结构、布局），以及“意义”（感情、意境、象征等）。形态是空间设计的基础，也是空间设计的焦点和终结，它对空间环境的气氛营造、空间的整体印象起着至关重要的作用（图1-13）。

形、形式、形态是相互联系，又不尽相同的概念。形是指物质呈现于表面的外貌，多指形状，如圆形、方形、几何形、自然形等。形是客观的，可以用数字、度量、比例等描绘出它的关系。对于形的感受常常带有某种主观的成分，不同的观念、经验会产生不同的感受和认识。虽然不同的现代艺术流派对同一对象会用不同的观念去理解和感受，产生不同的视觉艺术形象，但都声称是客观地反映对象。对于建筑的形而言，它的本质是客观的、物质的，是建筑形态最基本的组成成分。形式是一种概念，是某个时期、地区，某部分人约定俗成的认可，有样式、法式的意义，如自由式、古典式、规则式等。形态是由形和形式所表现出来的一种态势，如动态、静态、神态、怪态、病态、固态、液态，等等。由此出发，形态可以有更深层的象征、表情、意义等内涵。建筑形态不是纯自然的自在之形，而是有意味的人为之形（图1-14）。建筑形态受使用功能和结构的制约，形态的设计必须充分考虑人在其中的行为因素，考虑用最科学的结构，最合理的技术使其实现。然而，形的意义也必须要兼顾，有时甚至要重点考虑。从某种意义上说，满足使用功能要求和技术上的问题，常可依据比较客观的标准，相对比较容易解决，而精神的意义则没有恒定不变的标准可言，也没有普遍规律，它随人们的文化等差异而产生变化。我们可以就形式的技术和功能问题找到一个或许是最科学、最合理、最经济的方案，而它的艺术与精神方面却没有一个绝对的、最佳的选择，一个艺术的形式问题可以有多种解决方案，这就是精神范畴的特殊性。

图1-13　反映现代建筑技术的空间形态

（2）空间结构

空间的结构，可以理解为各功能系统间的一种组合关系，是隐涵于空间形态中的组织网络，是支撑空间网络的几何框。它和其他有机体一样，其总体是由若干个分系统组成的。各分系统之间相互联系，相互依存，既有分工，又有合作，统筹运转，有机结合，形成一种组织健全，相互协调的形态。建筑空间结构不是自然生长的，没有遗传基因，而是人为构成的。它是设计者参照功能网络、仿生学、机械、物理学、地理、化学、几何学、工业设计和艺术构图等建构起来的空间框架，并借助这种框架诱导人在空间中的行为秩序。

图1-14　有意味的人为空间形式

显然，这里所指的空间结构与建筑结构是有区别的。建筑结构主要是指用某种建筑材料，通过一定的连接技术和方法，通过传力系统和传力构件，将重力得以均匀分散，使建筑的空间形态得以稳固的存在。空间结构则主要考虑建筑空间的功能系统，各功能之间的关系和组合，以及由此形成的空间构架。它也是空间形态构成的基本框架之一。空间结构的功能系统主要有道路网络系统、功能网络系统、工艺管线系统、景观系统、绿化系统、标志系统等。这些分系统虽然功能性质不一样，但它们相互联系、相互依存，它们都统一在一个整体框架中，是一个有机的整体。空间结构设计的基本原则是力求简约适宜，在满足功能要求的前提下，做到简洁，防止繁复。只有简洁，才能使脉络清晰，可识别性强，路径通畅，工艺管线最短。同时，空间结构设计要体现秩序和有机，结构设计要符合人活动的习惯和规律，对人在空间中的移动和转移有良好的导向和指示性，避免走不必要的弯路。空间分布要有条有理，有秩序。各分系统之间也要考虑互相的协调和配合，形成有机的关系和整体（图1-15）。

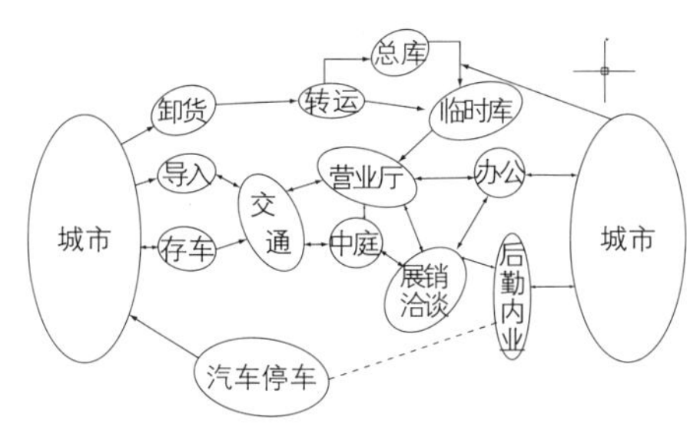

图1-15　功能网络分析示意图（商业建筑一般流程，表示商业建筑的各功能空间组成和相互之间的连接和整个系统的关系）

（3）空间涵义

以客观形式显现于外的是空间形态，蕴涵于内的则是空间的意义。意义是空间的内在层面，它反映建筑空间的精神内涵，属于文化的范畴，是建筑空间的社会属性。主体人只有通过对客体空间形式的感知、联想、回忆才得以认识它所内含的意义。空间的形与意是辩证统一的关系。空间中的形是依靠建筑实体而构成的，从某种意义上来说，每一个形体都传达着一定意义，世上没有无意义的空洞形式，只是有的意义表达的比较明确、显现，而有的则比较隐晦、含蓄罢了。建筑形式的意义最终是否被观者接受，首先取决于设计者的表现能力，他赋予形式意义的多少、深浅、明确或隐晦，另外还取决于观者的感受和理解能力，因此设计必须要有针对性，对使用对象的文化背景的了解是不可缺少的。形体是信息的发射体，但能否得到信息还要依靠接受体。因此，空间的涵义具有地区性、民族性和时代性，即使是同一种形式，在不同的时代，不同的国家和民族，也会产生不同的认识和理解（图1-16）。

图1-16　日本传统民居

可以说，建筑和空间形式是一种符号，并传达着信息。建筑符号的信息有两种：一类是指示性的，与使用功能关系密切，如路标、火警标记、标志等，这类信息要求明确、肯定。另一类信息是象征性和隐喻性的，如基督教堂的十字架，是上帝和耶稣的象征，中国古代建筑也有“吉祥如意”的图案象征及王权统治象征。建筑与空间的象征有些比较直观和显现，而有些则较隐晦、含蓄。如十字架是西方人上帝和耶稣的象征，龙是中国皇帝的象征等比较直观，而中国古代常把方位东、南、西、北以青龙、白虎、朱雀、玄武作为象征物来表示，则是比较隐晦的手法。隐晦的象征必须考虑欣赏者的认识能力和水平，要考虑地区、民族和时代等因素。象征是以某种具体事物来表示特殊的含义，是借此说彼。常见用来作象征的事物有动植物、色彩、数等。如龙凤象征帝后，牡丹象征富贵，莲花象征高洁，这是动植物的象征。中国佛塔常以平面四边形象征佛教教义的“四重谛”，正六边形象征“六道轮回”，正八边形象征“八正道”，正十二边形象征“十二因缘”，圆形象征“圆寂”，这是数的象征。色彩象征如，白色象征纯洁，红色象征革命、流血，绿色象征生命，蓝色象征幽深、沉静，黄色象征华贵，灰色象征平和、质朴等（图1-17）。除了用具体事物象征某种意义外，建筑与空间形式还常用抽象手法表示内涵。比如，垂直构图的形体有向上的感受，常可表现崇高、上进的意义，欧洲教堂常以此形体表达人对神权的崇敬和向往。水平规则的形象可以表示庄严、稳定，这是中国宫殿建筑常用的手法。当然，曲线形、圆形以及不同的形体组合各自可以表达不同的意义，这就要求设计师对形与形体要有敏锐的感受力和观察力，要善于赋予形体一定的意义，创造有意味的形式（图1-18）。

图1-17　建筑的象征性

建筑符号与普通符号有着较大的区别。普通符号如文字表示的意义形成意念一旦被人接收后，符号本身已没有作用了。但是，建筑符号的意义是不能离开感性符号的，它的意义必须建立在对形体的感悟和体验上，这也是视觉和听觉艺术共有的特性。欣赏雕塑的人体美，欣赏音乐的节奏、旋律美与欣赏建筑空间气韵、意境美都不能离开具体的欣赏对象。只有边欣赏边感受和体验，才可能去了解形式所蕴藏的深刻内涵。

图1-18　欧洲教堂室内空间

图1-19 以花为点，在空间中起到集中的作用

图1-20 雕塑构成空间中的点

图1-21 虚点是可以感觉到的点

图1-22 虚点往往处在空间的重要位置

1.2.2 空间的造型元素（实体与虚体）

从抽象的概念层面理解，空间由形态、结构、涵义所构成；而从物质实体构成层面上看，建筑的实体与空间却是由建筑材料如石、木、水泥、金属等构造和围合而成的，把建筑与空间实体分解，我们可以得到点、线、面、体这些空间造型的基本元素。掌握点、线、面、体和它们的构成规律，则具有了对建筑空间设计乃至整个造型艺术的普遍意义。在这里，我们不是以绝对大小和尺度来界定点、线、面、体，而是以相对关系，如点、线、面、体之间的相互比较，点、线、面、体与周围物体的比例以及人的观察位置的远近等因素来界定的，因此是相对的。

（1）点

从概念上讲，点无长度、无宽度、无深度，只有位置而无大小，是静态的、无方向的，但点有集中的性质。在建筑空间里，我们一般把较小的形体看作点。这样去分析的话，空间中常见的点可能是一盏灯，一个花瓶，大墙面上的一幅小画，大空间里的一件家具，甚至大广场中的喷水池等。当然墙面的交界处，窗子的转角处，扶手的终端等也可看做是点（图1-19）。

点本身是静止的、无运动的，尤其是当点处于构图中间时更是如此。但是，当点离开环境背景的中心时，就可能产生紧张和运动的倾向，在某些位置上这种动感还会比较强烈。点虽然小，但由于集中的性质，它常常在空间中引人注目，成为空间的中心，特别是点在色彩、形状、明暗、质感等方面与环境背景有较大的对比与区别的情况下尤其显眼，如空间轴线上的门，教堂的圣坛，空间中的雕塑等（图1-20）。室内设计中，人们常常利用点的这些特性来创造空间。譬如，在一个教室里，需要稳定、平静的气氛时，我们可以把讲台（点）置于前方的中间处，而放在侧面靠角的讲台则会使空间显得比较轻松。用雕塑、小品、花卉、陈设艺术品等作为点缀，形成空间视觉中心，或平衡构图，也是人们常用的手段。

上面所述均属实体的点，但建筑空间里不光有实体的点，还有虚的点。所谓“虚”主要是指心理上的存在，它可能是不可见的，但是人们可以按实体的形所给的暗示或根据关系推理便能感觉到其存在。这种感觉有时很明显，而有时比较模糊含混，它表明结构及部分之间的关系。虚的点可以是几何形空间的几何中心或轴线的相交点，也可能是线的方向延伸或者是灯光投射所强调的部分（图1-21）。虽然虚点在实际空间中并不可见，但由于它是可以感觉到的，有时还比较强烈，所以这些位置往往是比较重要的地方，必须予以重视（图1-22）。

（2）线

点的移动轨迹即成线。由于线是由点的运动而产生的，所以线的特征在视觉上表现出方向、运动和生长。在实际空间中，有些线可以给人明确而直接的视觉感受，如地角线、地板或地砖拼接形成的缝线，有些线则比较模糊，是抽象理解的结果，如轴线或由点连续而形成的线，面与面相交形成的线等。从概念上讲，线只有长度，而没有宽度和深度，但在实际空间中，它要有一定的粗细才能为人所见。一般认为，线的长度应大大超过它的宽度，通常10：1以上的比例才有线的感觉，否则线的特征就不那么强烈。线有直线、曲线之分，直线中又有垂直线、水平线、倾斜线，曲线的种类则更多，有几何形、有机形和自由形等。各种线的相互连接可以形成更为复杂的线型，如折线是直线的结合，波形线是弧线的结合等。在当今的建筑空间中，由于材料、结构、施工等方面的因素，方盒子的建筑较为多见，因此，空间中的垂直线、水平线的运用很常见。垂直线给人以向上、崇高、坚韧、理智的印象，水平线有稳定、安静、平和的感觉，倾斜线则让人觉得有动势、不安定、较多变化。不同线的组合可以创造各种空间的性格。中国古典建筑常用柱（垂直）、梁（水平）结合，以线构成稳定而庄重的空间感受，西方教堂则由柱与穹顶向上向顶集束收拢的线构成一种高耸、通向上帝的神秘空间感（图1-23、图1-24）。垂直线和水平线的组合容易形成规整、简洁的效果，有机器和机械美的感觉，但过于规整会显呆板，缺少变化和人情味。曲线的性质则不同：抛物线比较流畅，有运动感；螺旋线常常给人升腾感和生长感；圆弧线相对比较规矩，有向心、稳定之感。如今，我们周围方形空间、直线形体占据了主要部分，往往缺少人情味和线的变化。如果合理地利用曲线来创造或者调节空间的性格和情调会收到很好的效果。即使曲面空间的创造有难度，利用家具、绿化、装饰等来增加曲线变化也可以收到良好的效果。

除实线外，虚线在空间中也是较常见的，如轴线、各部分之间的关系线（几何关系、对位关系等）、明暗交界线、影线、光线等。轴线在空间中有比较重要的作用，它可以引导人的行为和视线，往往与人在空间中行动的流线相重合。点与点之间由于视线的移动，可以引起虚线的感觉，这更多是心理感受的线。这种点形成虚线，从而创造虚拟空间的例子是很多的（图1-25）。

图1-25　由点形成的虚线

（3）面

线的展开成面。从概念上讲，面只有长度和宽度，而没有深度。面的特征是具有可以辨认的、外边缘的轮廓线确定的。面由于透视关系会出现变形，因此，只有正面观察的时候，面才具有它真正完全的形状。在建筑空间中，我们最常见的是平面，如地面、墙面和普通楼层的顶面以及一些隔断等。平面比较单纯、简洁，缺少变化，有时显得单调，但是如能很好地组合与安排也能创造有趣和生动的效果（图1-26）。斜面可以给空间带来变化，如一些民房的斜屋顶就比方形空间生动些（图1-27）。在视线以下的斜面，如斜的坡道、滑坡等，由于这些斜面常有一定的动势，往

图1-26　由面构成的空间效果

图1-23　中国古典建筑的稳定与庄重

图1-24　西方教堂的高耸感

图1-27　屋顶的斜面往往可以造成空间的变化

往具有功能上的引导作用。另外，我们还常常在空间中见到曲面的使用，它有时是水平方向的，如拱形顶，有时又是垂直方向的，如悬挂的帷幕、窗帘等，曲面与曲线一起，共同给空间增加变化和生气。自由曲面构成的空间更具有机性质（图1-28）。

除了实体的面外，还常有一些虚的面，虚的面常有以下几种情况：一种是由密集的点或线所造成的面的感觉，如珠帘、竹帘、百叶隔断以及半透明的材料，如磨砂玻璃、纱窗等，光线和视线可以部分通过，但是已足以使人感受到分隔的空间，感觉到虚面的存在。这种被虚面分开的空间，既相互分隔又相互渗透，造成既有分又有合的效果（图1-29）。另一种是指间隔的线或面之间形成的虚面感觉，譬如，一排并列的柱子可以形成面的感觉，它能把空间分隔成不同的区域（图1-30）。面的延伸也同样可以形成虚面，如日本人喜欢用由上往下的半截布帘，把空间分隔开来；生活中常见的矮墙、篱笆等也形成空间分隔，这是由下至上的延伸而成的虚面；各种形式的门和洞口也可以看作是面的延伸而分隔空间。

在空间中，各种面由于它们的表面材料、质感、色彩、花纹等不一而各具个性，这些也是面不可忽略的特性。这些视觉特性会从多方面影响面的性质，如视觉上的重量和坚实感、反光的程度、触觉与手感、声学特性等。

（4）体

体是由面的展开而形成的，是人由不同的角度看到的物体的不同视觉印象叠加而得的综合感觉。从概念上讲，体有三个量度，长度、宽度和深度。对体的理解必须考虑时间的因素，否则是不完整的。体形是体最基本的、可以辨认的特征，它是由面的形状和面之间的相互关系所决定的。这些面限定体的界限。体有规则的几何形体，也有不规则的自由形体。在建筑空间中，尤其是较大的体（空间），多以几何形体为主。体既可以是实体（对空间的占有），也可能是虚体（由面所围合的空间）。实的实体（体）和空的虚体（空间）是对立的统一，表示建筑的空间与实体之间的相互依存、相互对立的关系，实体的形的变化也意味着空间的形随之产生变化。建筑结构构件（柱、梁等）、家具、雕塑、围合面上的突出部分和陈设品、器物等都属于体。体的概念也常常与“量”联系，体的重量感与材质、表面肌理、造型、尺度、色彩、光亮度等密切相关，一般说，尺度大、表面粗糙、色彩深的体给人的感觉就比较重些。如宾馆大堂里的柱子，用粗糙的石片贴的表面，感觉比较厚重，而用不锈钢包合的，相对显得较轻巧，不易产生过大的体量感，用花岗石的就比较折衷。又如哥特式

图1-28　曲面构成的空间形式

图1-29　由线构成的虚面

图1-30　由排列的柱子构成的虚面

柱子，其本身巨大的体形，给人以重量感，但是经过其表面的垂直划分及线脚与柱身的比例关系处理，并不使人感到它笨重。

在建筑中，虚的体就是指空间，空间可以由实体的面围合而成，也可以是虚的面形成。譬如，亭子一般是由实体的顶面和四周的虚面共同构成的，其虚面是由柱子和石基及扶栏等视觉联系而形成的心理上的面（图1–31）。虚面越多、越大，它的开放性就越强。从视觉心理角度分析，实体具有向内凝缩的内力和向外扩张的外力，二者相互作用取得平衡。内力造成实体的重量感，而外力能在实体周围形成自己的"力场"，并由实体的大小形成一定的"力场"范围。当实体与实体之间相距到一定程度时，就会相互作用，或干扰或协调。实体的外力作用扩张造成空间的紧张感，这也就是为何空间中存在过多的实体往往容易造成拥挤感，空间过低或者实体墙面之间距离过短会造成压迫感的原因。古罗马神殿正是由于建筑实体的体量以及实体间的距离、造型等造成了空间上强大的"力场"，从而形成了凝重、沉稳的气氛（图1–32）。而现代许多建筑空间使用轻质材料、灵巧的造型以及玻璃墙面，这样的空间实体体量小，所形成的空间"力场"就小，空间显得比较轻松，从而适应现代人的审美理念（图1–33）。

图1–31　虚面构成的体

图1–32　由粗大的柱子构成的空间强大的"力场"

图1–33　以玻璃为面构成的空间只有很小的"力场"

在实际建筑环境中，总是多个实体相互排列、组合形成一定的实体间的关系，这些实体要素，也就构成了空间的界面，为空间限定出形状。实体要素之间的关系、比例、尺度等决定了空间的比例、尺度和基本形式，实体要素的表情还部分决定了空间的性格和气氛。在建筑史上，过去人们往往重视对实体的关照，而忽视对于空间的考虑，其实，实体与空间是虚实相映关系，因此我们不妨学习一下中国古代朴素的辩证法，用"阴阳"关系来指导建筑空间与实体的设计。

1.3　空间的类型

建筑空间是一个多元多义的概念，是复杂事物的综合体，因此，对于空间的命名和分类也都是从不同的角度，不同的着眼点去认识的，很难以一种参照系作为定位的唯一坐标去界定建筑空间复杂的内涵和外延，而只能从建筑行业内大家习惯的方式给空间做出命名和分类。这种约定俗成的空间类型和称谓也多从不同的角度和层面上反映了空间的一定性质或某一个侧面。

1.3.1　从使用功能上分类

从使用的性质来看，某些空间是属于公众共同使用的，如广场、影剧院等，也有些是属于某部分人专用的，如住宅、办公室等。不同的使用性质，在设计上必须有不同的考虑和处理方式。

（1）公共空间

顾名思义，公共空间的性质是属于社会成员共有的空间，是适应社会频繁的交往和多样的生活需要产生和存在的，无论是室外的，如城市广场、花园、商业街等，还是室内的，如机场、车站、影剧院等均是如此。当今较流行的建筑大楼里的"共享空间"就是比较典型的公共空间的例

图1–34　共享空间

图1–35　公共空间一角

子（图1-34）。公共空间往往是人群集中的地方，是公共活动中心或交通枢纽，由多种多样的空间要素和设施构成，人们在公共空间中的活动有较大的选择余地，是综合性、多功能的灵活空间。公共空间的设计要尽量满足现代人高参与、娱乐以及亲近自然的心理需求。如“共享空间”常把山水、植物、花卉等室外特征的景物引到室内，打破室内外的界限（图1-35）。同时，人群的流动、滞留、活动和休憩区域等的划分和设计也要充分考虑到不同人群的心理共性和个性特点，使空间真正富有生命力和充满人性气息。

（2）私密空间

人除了有社会交往的基本需要外，也有保证自己个人的私密和独处的心理和行为要求。私密空间就是要充分保证其中的个人或小团体活动不被外界注意和观察到的一种空间形式。住宅就是典型的私密空间，除此之外还有办公室等。私密空间也有程度不同的区分，同在住宅空间里，卧室、书房的私密程度就要稍高，而客厅则是家庭成员的公共空间（图1-36）。因此，对于公共与私密空间的认识也必须要做具体的分析，不可一概而论。公共空间里，有时也要有一定的私密区域，譬如餐厅，影剧院里也常有包房、包厢等属于较私密的空间范围，以适应不同人的需要（图1-37）。

（3）半公共空间

半公共空间是介于公共空间和私密空间之间的一种过渡性的空间，它既不像公共空间那么开放，也不像私密空间那样独立，如住宅的楼道、电梯间和办公楼的休息厅等。半公共空间多是属于某一范围内的人群，因此，设计需要有一定的针对性，如办公楼休息厅的设计可以考虑业主的专业性质和文化因素等，以适合使用（图1-38）。

（4）专有空间

专有空间是指为某一特殊人群服务或者提供某一类行为的建筑空间，如幼儿园、敬老院、少年宫以及医院的手术室、学校的计算机室等。由于专有空间是为某一特定人群服务的，它既非完全公开的公共空间，又不是供私人使用的私密空间，设计时需要考虑特定人群的特性。如敬老院主要是为老人服务的，老人的行动和心理上的特殊性都是空间设计、布置的依据。幼儿园的设计往往在建筑高度、材料使用、色彩选择上要求有针对性（图1-39）。

图1-36　一家庭的客厅

图1-37　餐厅的隔断造成相对私密的小空间

图1-38　某公司的接待室

图1-39　某儿童医院的接待厅

1.3.2 从空间界面的形态上分类

空间是由多个界面围合而成的。空间的界面可以是实体的，也可以是虚的面，以制造出或开敞或封闭的程度不同的空间形态以满足功能的需要。

（1）封闭空间

封闭空间多用限定性较强的材料来对空间的界面进行围护，割断了与周围环境的流动和渗透，以此造成的空间无论是在视觉、听觉和室内小气候上都具有比较强的隔离和封闭性质。封闭空间的特点是内向、收敛和向心的，有很强的区域感、安全感和私密性，通常也比较亲切（图1-40）。空间的封闭程度主要视私密程度的要求而定，私密程度要求较高的空间（如卧室）不宜有过多过大的门窗，以保证有足够的安全和私密感。但过于封闭的空间往往有单调、沉闷的感觉，所以私密程度要求不是特别高的就可以适当地降低它的封闭性，增加与周围环境的联系和渗透，如住宅里的餐厅等。

图1-40 较封闭的空间

（2）开敞空间

相对封闭空间而言，开敞空间的界面围护的限定性很小，常常采用虚面的方式来构成空间。开敞空间流动性大、限制性小，与周围空间的关系，无论从视觉上还是听觉上都有较紧密的联系。开敞空间是外向性的、向外扩展的，相对而言，人在开敞空间环境里会比较轻松、活跃、开朗（图1-41）。同样面积大小的空间，开敞空间会比封闭空间感觉大些、开敞些。由于开敞空间讲究的是与周围空间的交流，所以常常采用对景、借景等手法来进行处理，做到生动有趣。开敞空间也往往用于室内空间向室外空间的过渡，以调整空间内外的反差。开敞空间又有外开敞和内开敞之分。

图1-41 类似亭子的开敞空间

1）外开敞式空间：外开敞式空间的特点是作为围合的侧界面的一面或者几面开敞，顶面有时也可以用玻璃顶形成顶面开敞，这样的空间向外的渗透性很强，内外连成一片。在一些周围环境比较好或功能要求较开放的空间就适合采取这种开敞形式（图1-42）。

2）内开敞式空间：这类空间的特点是将空间的内部抽空形成内庭院，然后使内庭院的空间与周围的空间相互渗透。现在的许多高等级宾馆都采用这种内庭院的方式。这种空间往往把室外的景致引进庭院，造成室内环境中的自然景色，满足现代人向往自然，与自然和谐相处的理想境界。由于庭院常常用玻璃覆盖顶部，对于周围的内部空间来说，它是室外的空

图1-42 外开敞空间

图1-43 内开敞空间

图1-44 中界空间

间。内开敞空间不但可以改变大型建筑中往往比较封闭的问题，而且庭院与周围的空间相互贯通和渗透，加之庭院里的山水绿化等，使人感觉生动活泼，具有较强的自然氛围（图1-43）。

（3）中界空间

所谓中界空间主要是指介于封闭空间和开敞空间之间的一种过渡的形态。它既不像封闭空间那么具有明确的界定和范围，又不像开敞空间那样完全没有界定，呈开放状态。中界空间的例子也比较常见，如建筑入口处的雨篷下或一些建筑的外走廊等（图1-44）。

1.3.3　从对空间的心理感受上分类

不同的空间状态会给人以不同的心理感受，有的给人平和、安静的感觉，有的给人流畅、运动的感觉。不同的功能要求和空间性质需要提供相适应的空间感受。

（1）动态空间

所谓动态空间是指利用建筑中的一些元素或者造型形式等造成人们视觉或听觉上的运动感，以此产生活力。动态的创造一般可以有两种类型：一类是空间中由真正运动的要素所形成的动感，如瀑布、小溪、喷泉、电梯或变化的灯光等。当然，这在实际空间中只是运用很少的一部分（图1-45）。然而，空间中绝大部分的物体都是静止不动的，如建筑构件、家具、各种陈设物等。但是物理上的静止并不等于视觉上的静，人们常常利用视错觉以及一些视觉心理因素来使静止的物体产生运动感，犹如绘画中利用构图、线条、色彩等来创造动感一样。这是第二类的动态空间。因为动态空间有生气、有活力，人们往往在舞厅、歌厅等一些娱乐场所和某些商场采用这种设计，创造动感，增加欢乐的气氛（图1-46）。

图1-45　喷泉可以造成动感的空间

1）运动元素造成的动态空间：这类元素比较容易理解，如电动扶梯、暴露式升降电梯、瀑布、喷泉、小溪、变化的灯光等都可以创造很强的动感。音乐经常可以调动人的情绪和心理，因此，在空间里配上音乐，随着节奏和时间也能创造动感。在空间组织时，合理地设计人流的运动方向，用人流的穿梭造成有秩序的运动，这在商场、展览馆之类的空间里非常有效。合理利用这些运动元素来创造动感是空间设计中常用的手段（图1-47）。

图1-46　动态空间的活力，可以增加空间的欢乐气氛

图1-47　汽车展示厅的跑道造型以及运动的车可以造成较强的动态空间

2）静止物体创造的动态空间：这类创造主要是调动和利用人的视觉心理和视错觉来形成动感。用空间中的点、线、面、体的视觉感受规律来进行组织和设计，线具有较强的方向性，面以及体都可以造成变化，形成方向，引起动感（图1–48）。譬如，在剧院里，人们常常利用许多集束的线条从顶棚上向舞台延伸，这样人的视线随线延伸而产生运动感。哥特式教堂的垂直空间和由柱子的线条集束向上向中间集中，使人们的视线和心理随着空间和线条一下升到空中，一种很强的感染力把上苍的崇高提升至顶峰，造成心理上的动感。还有一种比较含蓄的，用引导和暗示的手法来创造动态。譬如，用楼梯、门窗、景窗等来做暗示，提醒和暗示人们后面还有空间的存在，或者利用匾额、楹联等启发人们对于历史、典故的动态联想。

（2）静态空间

人们除了要求在空间中的运动感，强调空间的生气和活泼外，也时常要求有平静和祥和的空间环境。静与动是相辅相成的关系，没有静也无所谓动，没有动也不存在静。静、动不同的空间态势可以满足不同的人在不同时间的不同心理要求。静态空间设计除了要减少空间里的运动元素（如过高过强的声音、运动的物体和人的过多活动等）外，还需要在以下方面着重考虑：

1）静态空间的围合面的限定性要强，减少与周围空间的联系，趋于封闭型。

2）空间形态的设计多采用向心式、离心式或对称形式以保持静态的平衡。

3）空间的色彩尽可能淡雅和谐，光线柔和，装饰简洁。

4）空间中点、线、面的处理要尽可能规则，如水平线、垂直线等，避免过多不规则的斜线、自由线，破坏平静和稳定感（图1–49、图1–50）。

（3）流动空间

流动空间是在三维空间基础上再加上时间所构成的四维空间，也就是把多个空间联系起来，互相贯通，互相融合。人的视点不是固定的，随着人的移动而产生视觉透视的变化，由此形成不同的视觉和心理感受。流动空间强调的是把空间看成积极的活动因素，而不是静止不动的消极因素，强调空间之间流动性的融合，追求连续的空间运动组合，而不是简单、静

图1–48 地面线的变化形成动态空间

图1–49 静态空间

图1–50 家具的对称排列形成静态空间

图1–51 流动空间

止的空间体量的组合。因此，空间在垂直和水平方向上均采用象征性的分隔，用围合、分隔等多种手段造成连续、流动的空间层次，以保证空间之间的连续和交融，视线和交通尽量保持通畅，少阻碍，空间的布置灵活多变。流动空间要求把人的主观和空间的客观积极因素都调动起来（图1-51）。

1.3.4 从空间的确定性上分类

对于空间的界定或限定有时并不一致，有些比较明确，有些则比较模糊。空间由于界面确定程度的不同，也就形成了不同的类型。

（1）实体空间

实体空间主要是指范围明确，界面清晰肯定，具有较强的领域感的空间。空间的围合面多由实体的材料构成，一般不具有透光性，所以有较强的封闭性，往往和封闭空间相联系，可以保证有一定的私密性和安全感（图1-52）。

（2）虚拟空间

虚拟空间是与实体空间相对应的一种空间形式，它更多的是调动人的心理，用象征性的、暗示的、概念的手法来进行处理，也可以说虚拟空间是一种“心理空间”。虚拟空间没有明确的界面，但是它有一定的范围，它处在母空间之中并与母空间相通，但它又有自己的独立性，是空间中的空间（图1-53）。虚拟空间的作用主要体现在两个方面：一是实际使用上的，二是心理感受上的。譬如，在宾馆的大堂里，由于功能需要有多个不同的区域，如接待区、休息区等，但区域之间又不能完全分隔开，这时使用虚拟空间可以使空间既相连，又有各自的独立区域范围（图1-54）。现代的许多办公空间也采用这种方式，如在一个较大的整体空间中，根据各个部门的功能需要，用90～120cm的矮隔断把空间分隔成多个相对独立的空间。从整体上看，整个空间贯通一气，而对于各分隔的小空间来讲，又可以有自己的独立范围。隔断可以在人坐下后遮挡与其他空间的连接，形成比较安静的环境，以造成在一个整体统一的环境里各部门区域发挥各自作用的良好环境（图1-55）。另外，在心理感受上它也有很好的作用和效果。因为，如果一个空间过于宽敞会显得单调和空旷，但是如果把每个空间用实墙分隔，必然造成视线受阻，产生闭塞感，而采用虚拟空间的办法可以避免空间单调，丰富层次，使整个环境更活泼、富于变化。虚拟空间的形成可以借助立柱、隔断、家具、陈设、绿化、水体、照明、材质、色彩以及结构构件等。这些元素又可以给空间增色，起到装饰和点缀的作用。虚拟空间的构成还可以用多种手段，譬如，抬高或降低地面，用不同的落差形成虚拟空间等（图1-56）。有关虚拟空间的构成方法，放在后面的章节中进行讲解。

图1-52 用封闭性较强的材料围合空间，可形成实体空间

图1-53 虚拟空间

图1-54 功能分开，空间独立的虚拟空间

图1-55 某办公室的虚拟空间

图1-56 地面的抬高可以形成虚拟空间

（3）模糊空间

除实体空间和虚拟空间两种空间形式外，有些空间的界定不是那么明确，处在实体与虚拟两种形式之间，在室内与室外之间，封闭与开敞之间，公共活动与个人活动之间，自然与人工之间，从而形成交错叠盖，模糊不定的结果，因此称之为模糊空间，模糊空间的地理位置也往往处于实体和虚拟两种空间之间（图1–57）。对于模糊空间，人们容易接受那些与自己当时心情相一致的方面，空间形式与人的感情相吻合，使空间功能得到更充分的实现。

图1–57　模糊空间

1.3.5　从分隔手段上分类

有些空间是在建筑成型时就已形成，一般不能再改变，我们称之为固定空间。有些空间可以根据需要进行灵活的处理和变动，用家具、设备、绿化等进行分隔或重新分隔，这些灵活多变的空间形式，我们称为灵活空间。

（1）固定空间

固定空间一般是在设计时就已经充分考虑它的使用情况，建成后不便再去改变它的空间形状。固定空间常常用承重结构作为它的围合面，这样的空间功能比较明确，位置固定，范围清晰肯定，封闭性强（图1–58）。

图1–58　不易改变形状的固定空间

（2）灵活空间

灵活空间也可称作万变空间，它的特点是灵活多变，能够满足不同的使用功能需要，是当今比较受欢迎的空间形式之一。可变空间的优点主要体现在：①适应现代社会不断发展变化的要求。现代社会一个单位、一个家庭不管是人数，还是从事的事业都极可能发生变动，这就需要空间环境随之变化。②符合经济的原则。可变空间可以随时改变空间以适应使用功能上的要求，大大提高了空间使用的效率。③其灵活多变性满足了现代人求新的心理。可变空间也有多种形式，如多功能厅、标准单元、通用空间等，虚拟空间也是可变空间的一种。

1）标准单元：标准单元是工业化的产品，它由若干个标准空间单元组成。这样，无论在设计或是施工、管理上都比较方便（图1–59）。

2）通用空间：通用空间是当今社会比较常用的一种方式，它适用于行政、金融、科研机构等。在市场经济的时代，一个公司、一个企业的发展和变化很快，规模、人员、经营项目等都可能随时需要改变和调整，为了在空间方面适应这种多变性，发展通用空间是比较理想的。通用空间一般只有电梯间、卫生间和管道井等是固定不变的，其余的空间则全部开敞，用户可根据自己的需要灵活进行分隔（图1–60）。

3）多功能大厅：多功能大厅也是灵活利用空间的一种方法。以往的许多空间，如电影院、会堂、体育馆等多半功能单一，使用率低。多功能大厅的基本特征是可以适当地改变空间形态，从而满足不同的功能需要。譬如，一个体育馆，其中有两个活动隔断，这样除了可以满足较大型的体育运动比赛外，把一个大空间分割成两个或几个小空间，每个空间又有自己的看台和运动员休息室，这样又可以适应小型的比赛（图1–61）。

4）虚拟空间：虚拟空间也是可变空间的一种。虚拟空间已在前面做了论述，这里不再赘述。

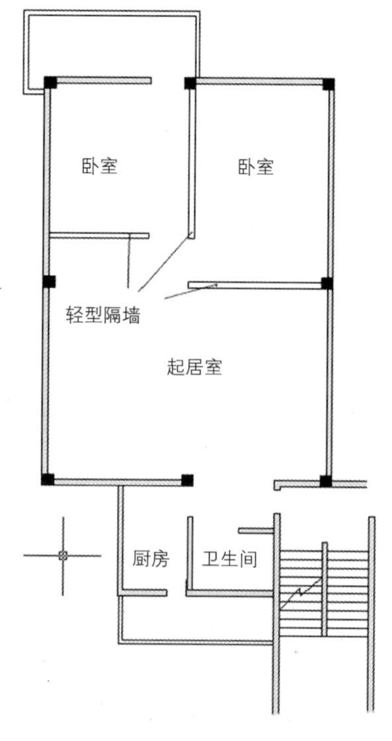

图1–59　除卫生间和厨房固定的标准单元

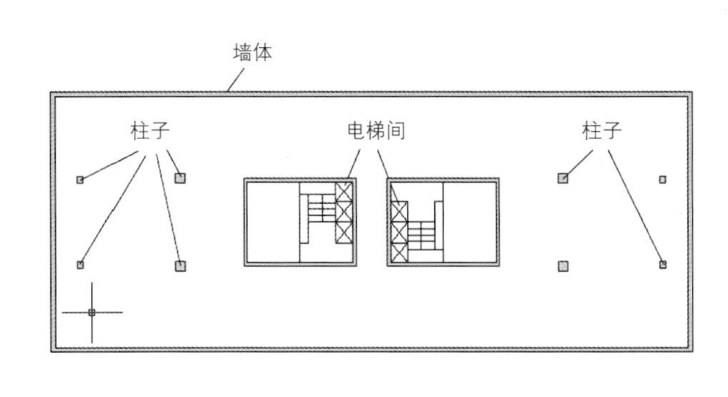

图1-60　某一建筑的平面图（通用空间）

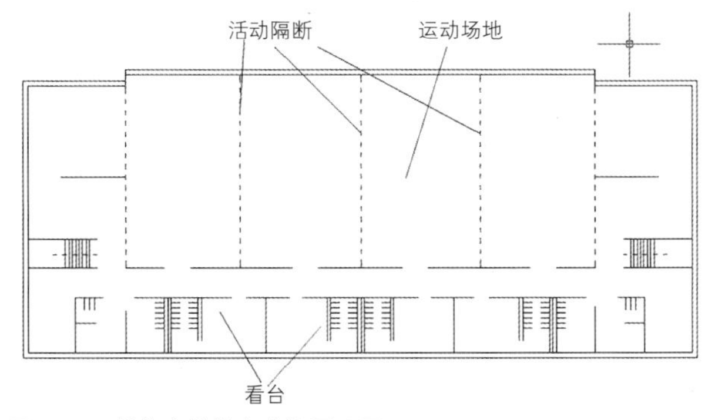

图1-61　某体育馆的多功能平面图

1.3.6　从空间的结构特征上分类

建筑空间的存在形式是多样的，但是从结构基本特征上可以把它归成几类：单一空间、复合空间、交错空间。

（1）单一空间

一般的建筑空间多为几何形体。单一空间是以一个形象单元形成的空间，如圆形空间、长方形空间等。

（2）复合空间

在实际的建筑环境中，往往不会只有一个单一的空间，而是多个单一空间的组合，形成一个整体，这就是复合空间。空间的组合往往是比较复杂的，组合的方式也是多样的，但其基本原则是相同的。首先要使用方便，同时要强调和满足形式和精神上的需要。复合空间的设计必须要注意空间结构的合理性及道路系统、功能系统、管线系统、绿化系统等的相互关系。复合空间的组合方式有穿插式、邻接式、大空间中套小空间，公共空间的连接空间等可采用线式、集中式、辐射式、组团式、网格式等组合方式（图1-62）。

（3）交错空间

交错空间实质上是复合空间的一种，就是使空间相互交错配置，增加空间的层次变化和趣味，因为在实际中交错空间使用较多，故单独列出论述。许多现代空间设计已不再满足于封闭规整的方盒子式的简单层次，在空间的组合上采取了多种手法形成复杂多变的形态关系（图1-63）。

图1-62　复合空间

图1-63　交错空间

1.3.7 其他类型

（1）结构空间

建筑必须要依靠结构才能实现，现代空间的建筑结构也是多种多样的。以往人们总是把建筑结构隐藏起来，表面加以装饰，而随着对于结构的认识越来越深刻，人们发现结构与形式美并不一定是矛盾的，科学而合理的结构往往就是美的形态，尤其是新材料、新技术的出现，更加增强了空间的艺术表现力（图1-64）。当今，体育馆、体育场等大型建筑空间的设计中将造型和结构完美结合已是屡见不鲜。因此，设计师要善于充分利用合理的结构本身，结合艺术的形式创造出美的结构空间（图1-65）。

（2）迷幻空间

迷幻空间主要是指一种追求神秘、新奇、光怪陆离、变化莫测的超现实主义的、戏剧化的空间形式。设计者从主观上为表现强烈的自我意识，利用超现实主义艺术的扭曲、变形、倒置、错位等手法，把家具、陈设、空间等造型元素组成奇形怪状的空间形态，甚至把不同时代、不同民族和地区的造型因素组合在一起，造成一种荒诞和奇特的感觉（图1-66）。

图1-64　强调结构的结构空间

图1-65　充分体现现代建筑技术的空间

图1-66　迷幻空间

2 空间设计

本章主要介绍空间设计的基本原则，以及设计的方法、步骤、表现形式等，同时，也对典型空间作较为详细的分析。

2.1　空间设计的内容与原则

建筑空间的发展与人类文明的发展是同步的，从原始人类的“挖穴以居”、“构木为巢”的被动适应环境，到如今运用各种科技知识和手段建造符合人类各种社会生活的空间环境，经历了一个由最初朦胧的、感性的、直觉的空间观念到有了准确的距离和尺度概念，进而发展到抽象思维概念的过程。空间不再是纯功利的，而是具有了更多的人文色彩。空间也经历了从原始的行为空间到宗教和皇权的神化空间，再到工业社会的现代功能性空间的过程，而且只有到了现代社会，随着人们物质和认识水平的提高，才真正提出了“人性空间”的概念，情理并重，既强调物质功能又强调精神功能。以人为本的空间观念，强调的是以人为中心的价值观和创作观。正是因为人的需求是多方面和多层次的，如何体现“以人为本”也就成了建筑师和设计师们需要研究和探索的课题（图2-1）。

图2-1　以人为中心的“人性空间”

2.1.1　空间与功能（适用空间）

人们造房屋、筑围墙、盖屋顶，其目的都是为了取得空间，使用空间，这就是空间的功能。不同类型的活动会有不同的功能要求，因此也必须有相适应的空间形式。空间与功能的关系可以用形式与内容这对哲学概念来比较分析。空间是形式，而功能的实现则是人们建造房屋，形成空间的主要目的，自然也是建筑内容的一个重要部分，因此，它决定或左右着建筑空间的形式。正因为如此，古罗马建筑家维特鲁维斯就把“适用”作为建筑的三大要素之一。尽管不同时期，人们对功能的侧重有所不同，但是没人会否认功能的重要地位，尤其是近代，新建筑运动的兴起，再一次强调功能对于形式的影响和作用，建筑大师沙利文的“形式由功能而来”已成为现代建筑的一个理论指导（图2-2）。当然，对于功能与空间的关系，我们也不能机械地理解和抽象地认识，更不能简单套用“内容决定形式”的公式，机械地认为什么样的功能就必然产生什么样的建筑空间形式，而应该客观地理解和分析，应该看到事物的多面和复杂性。首先，功

图2-2　卧室的大小和形式是由功能所决定的

能是空间形成的一个重要因素，但不是唯一的因素，人们在考虑空间形式的时候，在解决功能实现这一主要矛盾时，做到形式适应功能的同时，还要考虑人们审美，以及工程技术、结构、材料等方面的因素。其次，适应某种功能要求的空间形式也不是唯一的，往往可以有几种方法解决。譬如，一个住宅的客厅，可以是长方形的平面，也可以是正方形的或者是其他形状的平面，可以是2.7m的层高，也可以是复式楼的5m的层高，而最终决定其形式的是家庭成员的活动要求和接待客人的功能需要。

功能对于空间的制约性可以从单一空间和多元空间两个方面来分析。

（1）功能对于单一空间的制约

1）功能对空间的大小或容量的制约：为了科学、合理地利用空间，空间的大小设计首先应从功能考虑。如一间普通的教室，50位学生的一个班，需要有50张桌子，加上桌子间的走道和讲台等，通常要50m^{2}左右才能满足正常的教学要求。当然，不同专业的教室，由于上课方式和教学性质不一样，也就形成不同的功能要求。如艺术设计专业的教室，虽然也是每人一张桌子，但要求桌子稍大些，授课人数一个教室也不宜超过三四十人。因此，每人所占的平均面积就应大于普通的教室。同样是艺术设计专业的学生，当他们上文化理论课时，每人所占面积要求相对较小，这也是课程的特点决定的。通常阶梯教室的人数拥有量较大就是这个道理。再如，现在一个普通家庭的住宅，多由客厅、卧室、餐厅、卫生间、厨房、书房等构成。卧室的功能要求它应有15～20m^{2}以满足1～2人的需要。否则，过大不但造成空间的浪费，也不符合睡眠的心理要求，过小会显得拥挤，行动不方便。客厅一般是家庭成员共同活动的地方，也兼带接待客人等活动，因此，客厅应比卧室要大，一般在20～50m^2，上限和下限的宽容度需稍大。餐厅虽然也是家庭的公共活动区域，但是进餐的活动范围较小，所以餐厅比客厅要小，通常有10～20m^{2}便基本可以满足要求，而单位的餐厅大小一般要由这个单位的职工人数和用餐人数决定。小的单位可能是几十人，大的单位可能是几百、上千人，因此，根据人数，单位餐厅可以是几十平方米到几百上千平方米不等（图2-3、图2-4）。虽是单一空间，但空间的功能不一，有小到几平方米或几十平方米的书房、卧室，大到几百上千平方米，甚至更大的体育场、大会堂等。因此，空间的大小应根据具体的使用对象，根据功能要求决定。

图2-3　家庭餐厅

图2-4　日本一酒店的餐厅

2）功能对空间形状的制约：功能除了对空间的大小或容量制约以外，对于空间的形状同样有制约性。仍举50m^{2}的教室为例，50m^{2}的形状可以是7m×7m的平面形式，也可以是6m×8m或5m×10m的平面形式。7m×7m的平面形式能产生较好的听觉效果，但是两侧过于倾斜，造成黑板一定的反光；5m×10m的平面形式可以避免反光，但是后排座位离黑板太远；6m×8m的形式则能较好地解决这两方面的矛盾。再如影院和剧院，虽然功能大体相同，都是影视娱乐空间，但影院以放电影为主，由于电影屏幕较大，对于前后距离影响不十分大，声音也可以通过扬声器得以调整，而剧院则不同，座位离舞台的距离直接影响观众的观看，因此剧院一般偏短，而影院则偏长（图2-5）。同是舞台，音乐厅和普通的舞台又有所不同。音乐的演出对音响效果有特殊要求，因此要求舞台的顶和墙面有许多折板，以形成特定的声音反射，而普通舞台一般造型较为简单，以适应挂天幕、布景等。体育馆的空间虽然也有视听的要求，但是与影剧院

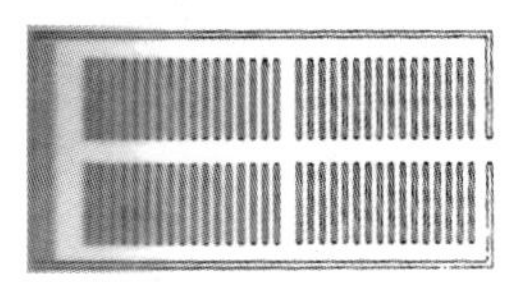

A　电影院平面示意图

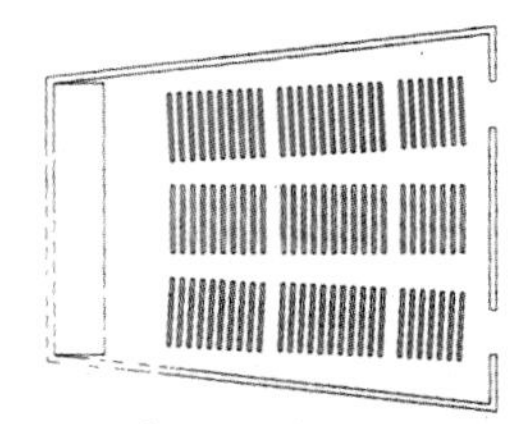

B　剧院平面示意图

图2-5　电影院与剧院的平面示意图

的要求有所区别，形式需符合体育比赛的进行和观看。尽管上述空间都强调功能对于空间形式的制约性，但是也应该看到确实也有一些空间的功能对于形式的规定并不是特别严格，这些空间的形式相对比较自由和多变。

3）功能对空间质的制约：功能对于空间除了有形和量的制约外，还有质的要求。空间质的方面主要包括通风、温度、湿度、采光、日照以及一些特殊的防尘、恒温、吸音、防静电等措施，对于普通空间来说，主要的质是指通风、采光、日照、保温等。直接与空间质的方面条件相关的是门窗的开设。

窗的开设，从功能上说，一是通风，使空气流通，即自然通风，二是采光，保证室内有足够的光线。不同的空间，对采光和通风的要求也不尽相同，因此也就有了窗的大小、位置和朝向的区别。图书馆阅览室对于光线的要求比较高，开窗面积应占房间面积的1/4～1/6，而普通居室对于采光的要求相对较低，只需1/10～1/8就可以基本满足要求（图2-6、图2-7）。一般的窗开在侧面墙上，便于人们开关窗，但是一些大型的建筑，如工厂的车间，空间比较大，除了侧面墙的窗之外，还需要开设顶窗，以保证足够的光线。绘画写生用的教室，为了保持光线方向的稳定，往往开设的是偏北的顶部窗，并且以反射的方式使光透进来，这也是绘画写生的功能要求。影剧院通常不需要自然光，因此影剧院的窗子主要是起通风作用，多开设在侧墙的上部，而且较小。博物馆、展览馆对于光线有特殊的要求，窗的开设多半也经特殊的处理。窗的另一作用就是通风，通风的功能要求也需与采光共同进行考虑。

图2-6　某大学的图书馆阅览室

门的大小、数量及门的开设位置、形式等，也同样受制于功能。如家庭住宅的门一般只需单扇，800mm×2000mm左右比较合适；商店、宾馆等一些空间的大门，由于客流量大，考虑方便和安全的因素，往往会多处设门，且门形式不同、尺寸也较大，另外，还要对门的开设位置进行特别考虑。

综上所述，在空间设计过程中，对不同的空间在考虑不同的使用因素的时候，必须仔细分析和研究，在了解功能的共性和特性的基础上，进行科学、合理的设计构思，才能产生各种不同的空间形式。

图2-7　居室空间

（2）功能对于多空间组合形式的制约

功能不仅对于单一空间有制约性，对多个不同功能的单一空间的组合形式同样起着制约作用，这也是由整个建筑，或者更大范围的空间环境的功能所决定的。如一套住宅由客厅、卧室、卫生间、餐厅、厨房等空间组合而成，学校的教学楼往往是由教室、办公室、实验室、卫生间等组合而成，各自不同的单一空间功能组合而完成居住或教学所需的整体功能。即使是城市的广场空间也总是由广场中心（如水池或花坛等）以及周围的休憩区、走道、附属设施等空间共同构成。各空间之间的联系和组合的原则就是方便、快捷，使人们在空间活动中更便利。由于不同的建筑空间的功能不同，所以空间组合的方式也千变万化，各有特色。但是只要认真分析研究，总是可以找出规律来的（图2-8）。以下是几种空间组合的常用方式：

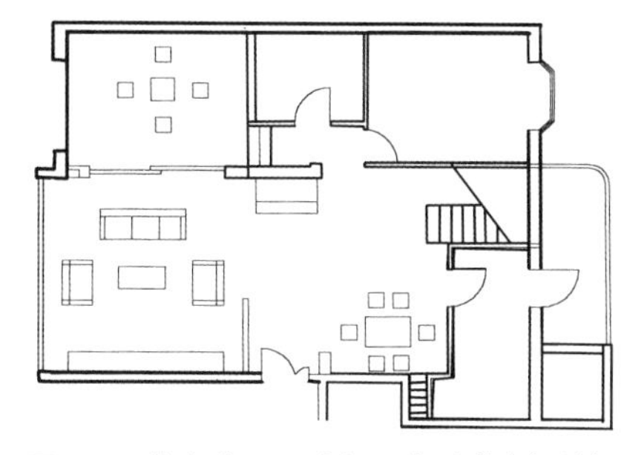

图2-8　住宅的不同功能要求形成空间的组合形式

1）以走道来连接各独立空间的组合形式：这一形式的特点是以走道作为交通和联系的枢纽，各空间之间通过走道保持功能的联系，把各使用空间联成整体。其优点在于各空间之间又不发生直接的连接关系，能保持自己的独立性，保持安静和不受干扰。学校、办公楼、医院、单身宿舍等多采用这种形式（图2-9）。

2）以广厅为中枢，连接各使用空间的组合形式：一些公共的建筑，人流量较大，各空间的功能不一。为避免人流的互相穿插，形成拥挤，往往采用一广厅来作为人流的集中和分散地。这种形式的好处在于人流先在广厅集中，然后按各自的需要向各空间分流，不至于造成混乱。一些中小型展览馆、图书馆、宾馆、车站、机场等往往按这种方式进行空间组合（图2-10）。

3）各使用空间相互穿套，直接连接的组合形式：这种连接形式的特点是各空间直接连接，不需要走道，空间与空间的关系紧密，形成套间式的关系。许多博物馆、百货商场等往往按这种方式进行空间组合（图2-11）。

4）以大空间为中心，四周围绕小空间的组合形式：一些建筑的主体空间非常突出，是主要的功能场所，而围绕着主体空间有许多辅助空间。主体和从属关系很明确，主体空间的功能是主要的功能。这种形式主要用在体育馆、影剧院等场所（图2-12）。

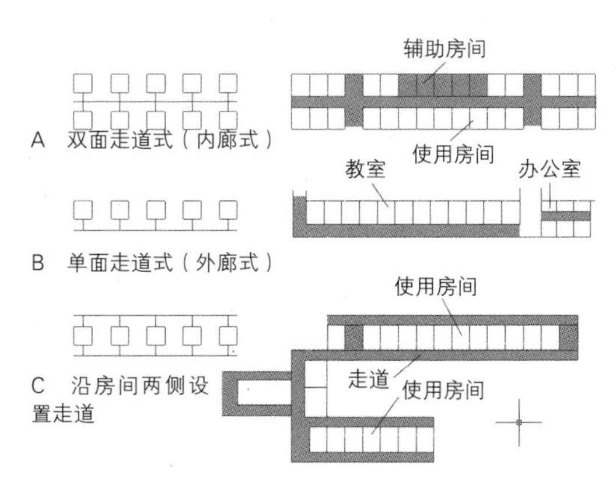

图2-9 以走道连接各空间的组合形式示意图

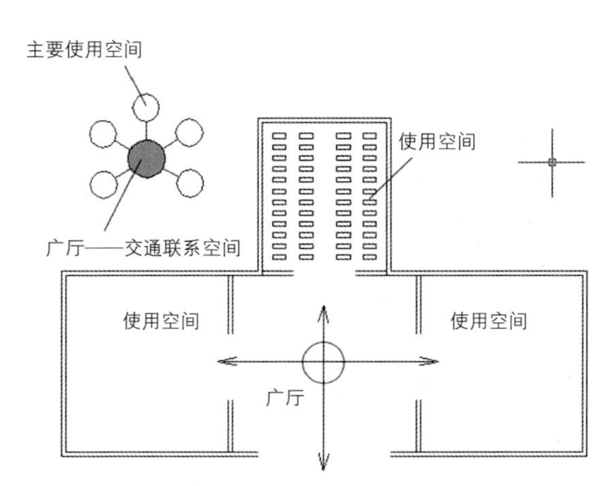

图2-10 以广厅连接各空间的组合形式示意图

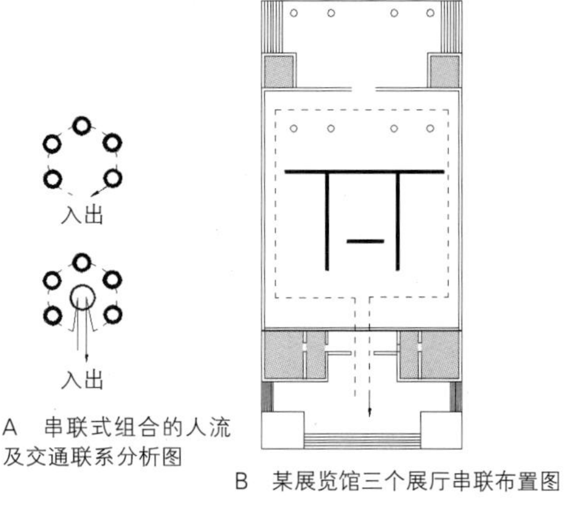

图2-11 互相穿套、直接连接的空间组合形式示意图

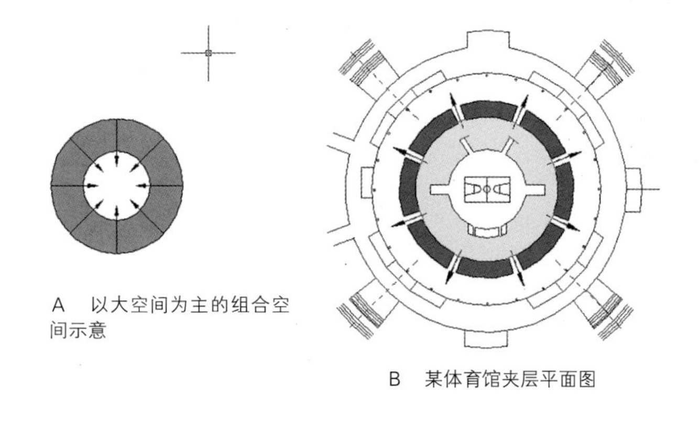

图2-12 以大空间为中心，围绕小空间的空间组合形式示意图

2.1.2 空间与审美（视觉空间）

建筑与空间设计是以人为中心，为人服务的，适用是空间最重要的功能要求，也是进行空间设计的前提。但是，人又有物质与精神等多方面的需求，因此，仅仅是满足适用功能还是不够的，还应同时满足人的精神需求。

我们通常把按照功能的要求设计的空间称为"适用空间"，按照精神和审美要求设计的空间称为"视觉空间"（图2-13）。人类所了解和认识的外界信息有70%以上是由视觉得到的，建筑空间的宽敞、压抑、优美、素雅、整齐、对称、变化等印象也都是首先通过视觉渠道获取，再经过大脑等综合处理，最后形成精神感受。"适用空间"并不一定与"视觉空间"同一，有时甚至是矛盾的。譬如，一般空间高度在2.3m就可以满足人的使用，但人的视觉感受会比较压抑，尤其是在大的空间范围更是如此。欧洲古典教堂的空间高度往往可以达到几十米，这种高度更多的是出于精神上的考虑：高耸的空间形成的神秘气氛和艺术感染力，造成向上与天相连的感受，以此来营造上帝与子民的心灵感应。人民大会堂的空间也远超出使用的限度，宽敞高大的空间形成了雄伟的气势，象征新中国的壮大和强盛。除了以上典型的强调精神作用的建筑空间的例子外，即使在我们平时生活的周围环境中，精神和审美的要求也是无处不在。一套住宅的客厅设计，是否吊顶，是否与餐厅连成一体或有隔断，入口处是否需要一玄关，及墙面、地面的肌理、色彩处理等，都要求在满足功能的基础上考虑视觉上的舒适和美感因素。在物质功能和精神审美的关系上，以往的许多论述常常把它们放在对立的关系上，事实上，二者是一对既相矛盾又相互依存的统一关系。例如，为了使地面的使用更耐久、易清扫，可以用花岗石、地砖、水磨石等多种材料和工艺，同时，合理的地面材料选择，色彩、图案和形式设计又可以引起视觉美感，也促成使用过程中的愉悦和快感。同样，按唯物主义的美学观，美是"合规律，合目的的人的本质力量的体现"，可见，视觉的美感也必须有物质作为基础，不适用的东西，不合规律的造型都很难形成美感。因此，建筑空间应该是受功能要求制约的"适用空间"和受审美要求制约的"视觉空间"的有机综合体。

建筑空间美的创造受审美观念的影响，不同的观念会有不同的设计，产生不同的空间形式。那么，这是否意味着美无规律可循呢？要深入认识这一点，我们首先应把美学观念和形式美区别开来。观念是由于文化、宗教、伦理、民族、历史等原因产生的不尽一致的认识和看法，这是一个可变因素较大的范畴，而形式美的规律则是相对稳定的、人类共识的、客观的美的原则。人们可以有不同的审美观念，但形式美的规律则是为人们所持久认识和普遍遵循的。现代建筑可以对传统美学观念予以否定和批判，但并不能否认古典建筑的形式美。这也是人们对于古代的建筑，各地区、各民族的建筑都能认可，都能在其中感受美的原因所在。尽管批评家们会对不同的建筑进行挑剔和批评，但那是观念的不同，不会有人对形式美的规律和原则提出质疑。可见，审美观念的标准是相对具体的、变化的，而形式美的原则则是普遍的、持久的。

建筑空间的审美特征主要包括环境气氛、造型风格和象征意义等几个方面。

1）环境气氛：我们常常可以在各种空间中领略到素雅古朴、优美恬静、崇高向上、神秘幽静等环境气氛，这是由环境引起的知觉感受和人的经验联想，造成了美的体验。生活的实践和形式美的规律告诉我们，对称和平行的空间容易形成平稳、庄重的感觉，简单、规则的空间给人以单纯、朴实的印象，曲面的空间形式易造成柔和、抒情的性格，垂直的空间引起崇高、向上、肃穆的感觉，倾斜的空间给人以动势等。不同的空间形

图2-13　欧洲古典建筑的内部空间

式可以造成不同的环境气氛，给空间以不同的性格。

2）造型风格：风格可以说是不同的文化，不同的民族，不同的地区和不同的时代所形成的设计师们习惯的，或者说是特定审美观念指导下的较为固定的表现手法（图2-14至图2-16）。人们已经习惯某一群或某一位设计师的常用表现形式，认可他或他们的这种表现形式，这就是风格。中国古代建筑的传统风格体现为大屋顶，对称均衡的格局，采用"间"的结构形式来组成或大或小的建筑，水平横向的布局形成稳重庄严的特点。无论是宫廷建筑、宗教殿堂、民居民舍都有着共同的特征和风格。这其中有材料与工艺技术的因素，气候环境的原因，但更多的则是由于受到中国传统文化、哲学思想、道德伦理观念、审美情趣等影响作用的表现。西方的传统建筑风格显然与东方不同，突出和强调的是人的力量体现，这和西方人的哲学观和自然观有关。另外，中国古典建筑追求"天人合一"的境界，而西方建筑的形式、体量往往与自然对立，表现出人能改造自然，人定胜天的能力和气魄。现代交通和通讯信息技术的发达使建筑的地域性差异趋于模糊，尤其是近代工业革命的早期和中期，由于强调功能的建筑理论起着主导作用，使大多数的现代建筑近乎一种风格。随着后工业时代和信息时代的到来，各种追求建筑艺术风格的理论和实践愈来愈多，后现代主义以及多元化的建筑流派得到发展，人们需要有特点，有个性，有风格的建筑和空间。

图2-14　中国传统风格的建筑

图2-15　现代审美和现代技术所构成的建筑形式

图2-16　欧洲古典的建筑风格

3）象征意义：建筑不同于其他的艺术形式，它使用的是抽象语言，用几何化的空间形象和组合来表现某种情感和意义，并通过空间的比例、尺度、均衡、韵律等形式美的规律创造出艺术的形象，以此来感染人们。建筑表现的内涵不是简单地再现生活的方式，而更多的是用抽象的语言，用象征手段达到意义的表达。象征是人类才具有的能力，象征是利用具体的有形事物来表达无形的抽象概念和特殊的涵义。例如，北京故宫的建筑格局就是象征"居中为尊"的皇权思想。

2.1.3　空间与结构（结构空间）

人们围合、分隔、组合空间的目的是为达到空间功能的实现和审美的追求。空间的大小、体量，空间的形，空间的质（温度、湿度、通风、采光等）是功能的要求，有意味、悦目的艺术形式是审美的目标。而如何最大程度地实现功能和审美共同要求的空间形式，则必须要依靠结构来完成。结构是技术的一个最重要的部分，是实现空间的功能和审美需求的技术保障（图2-17）。建筑三大要素"适用、坚固、美观"中的坚固就是对结构的要求。一定的空间形式要求相应的结构，不同的结构方式会产生不同的空间形式。结构与功能及审美紧密结合，三位一体，这体现了一个空间形式的三个方面。如果把符合功能要求的空间称为"功能空间"，把符合审美要求的空间称之为"视觉空间"，那么我们便可将按材料性能和力学规律而围合起来的空间称为"结构空间"。虽然它们各自的形成根据不同，所受的制约条件不同，遵循的法则不同，但在建筑中却是三位一体，三者是既相联系又相矛盾的统一体。在古代，这一矛盾并不突出，因为古代的建筑师既是工程师又是艺术家，他们在建筑设计的初期就可以同时综合地考虑和协调这三者之间的关系。但是到了近代，随着科学的发展，社会分工越来越专业化，工程结构也已经成了一门独立的科学体系，从建筑学中分化出来并成为一门独立专业。正因如此，当代社会必须由建筑师与结构工程师相互配合、有效合作才可能完成一套建筑设计方案。因此，正确处理和解决结构与功能、审美的关系成为设计研究的重要课题。

功能对空间形式提出的要求是多种多样的，不同的功能要求必须由相应的结构来支持和完善。小跨度的蜂房式空间组合可以采用内隔墙承重的梁板式结构，如一些住宅等；框架结构可以增大空间的跨度，使空间能进行灵活的划分，如商业空间和办公空间等；更大空间则需要采用大跨度结构体系，用薄壳结构、悬索结构、网架结构等才能实现，如体育馆、展览馆等。每一种结构形式由于受力情况不同，构件组成方法不一样，所形成的空间形式肯定又有其特点和局限性。因此，把不同的结构形式与功能及审美要求有机结合是建筑空间设计是否成功的评判标准之一。如我国古典的木构架结构形成的空透、灵巧，与西方古典的砖石结构的厚重、敦实有着各自显明的特点。现代的薄壳结构不但可以形成大跨度的空间，并且可以摆脱过去的框架结构、梁板结构的方盒子空间形状的制约，构成各种圆、弧等变化的空间形态。

了解和熟悉建筑结构等技术知识，对于一个设计人员来说也是必要的。只有掌握结构的基本原理和特性，包括它的形式特点，设计师才可能真正发挥材料结构的长处，与空间的功能、美感结合成有机的一体。下面是建筑中常用结构方式的简约介绍：

（1）以墙和柱承重的梁板结构体系

以墙和柱承重的梁板结构体系，最早大量出现于两千多年前的埃及，是一种古老的建筑结构。但这种方式至今仍然被广泛使用。这种结构由两大类构件组成：一是墙柱，二是梁板。墙柱构成空间的垂直面，承受的是垂直压力，梁板构成空间的水平面，承受的是弯曲力，墙体兼有围合与承重的双重作用。古代的一些砖石建筑大部分都是采用这种结构（图2-18）。这种结构的缺点是，由于用石材做成的梁板承受的是弯曲力，梁的跨度不可能太大。一种改进的方法便是用石材做墙柱，以木梁板替代石材，因为木材的抗弯曲能力大于石材，可以增加空间的跨度。近代建筑，由于采用了钢筋混凝土做梁板，混凝土的抗压能力和钢筋抗拉能力的结合，大大提高了梁板的性能，从而可以使梁板的长度大大增加，加大了空间的跨度。虽然以墙和柱承重的梁板结构体系历史悠久，但终究因为它的空间跨度，空间的灵活性受限，因此只适合于一些空间固定，范围较小的建筑。另外，在这种结构的基础上，还有大型板材结构和箱形结构，它们的特点是便于工业机械化生产，提高施工速度，但是组合不灵活，构件过大，因此并没能广泛使用。

图2-17　暴露结构的建筑空间

（2）框架结构体系

框架结构也是一种古老的建筑结构，它是把承重的骨架和围护、分隔的帘幕式墙面明确分开，各自起着不同的作用。由于框架结构的重力是由板传到梁，再由梁传到柱。重力最后分别集中到几个点上。从某种意义上说，框架结构本身并不构成空间，它只是为空间提供了一个框架。所以，这种结构为空间的灵活分隔和围合提供了方便。由于起围合作用的墙体不受重力，因此墙体，尤其是内墙，可以采用轻质材料以便墙体重新进行分隔和围合时相对比较容易，适应了现代社会事物发展变化速度加快的要求。框架结构有木结构的、砖石结构的，但现在大量的是以钢筋混凝土和钢材为主要材料的框架结构。钢筋和混凝土的结合发挥了各自的优点，非

图2-18　古代梁板结构

常符合建筑的力学要求，是比较理想的建筑材料。钢材作框架结构的优点是自重轻，便于连接，但是钢材的防火性能差，因此，还必须要用不易燃的材料包裹钢材，这样给设计施工带来不便。近代框架结构技术的发展，也改变了人们传统的建筑审美观，因为，过去人们总认为建筑必须是上轻下重，但现代框架结构的底层却往往可以是空的，由此形成的是轻巧、飘逸的建筑形象。可见，现代的美学观念也可以在建筑的领域中得到印证（图2-19）。

（3）大跨度结构体系

框架结构尽管可以增加空间的跨度和空间的灵活性，但是空间中会存在一些柱子，对于一些大空间的建筑来说，它就不能完全满足要求了。从建筑的发展史上可以看出，人们总是根据功能的需求不断追求空间的宽大，如西方古代的斗兽场、神庙，现代的体育馆、展览馆等。古代人们追求大跨度空间，发明了拱形结构。拱形结构与梁板结构的区别在于，梁板结构承受的是弯曲力，而拱形结构承受的主要是轴向的压力。在古代，以石为梁不可能跨越较大的空间，而拱形结构不需整块石材，它可以以小块的石材砌成拱形，这样可以跨越相当大的空间。穹隆结构也是古代的一种较大跨度的结构，由半球形的穹隆发展到多种形式的穹隆。但无论如何，古代的大跨度结构由于材料和技术的原因始终受着许多局限，真正意义上的大跨度结构出现应该归功于金属材料在建筑中的运用，如铁和钢。金属材料的运用，预示着一场技术革命的到来，新结构的产生大大地改变了传统的建筑方式，也形成了许多新的建筑空间形式，如桁架结构、刚架结构、拱形结构都是近代发展起来的大跨度建筑结构。桁架结构的特点是把整体受弯转化为局部构件的受压或受拉，从而有效地发挥出材料的潜力和增加结构的跨度。但桁架结构本身有一定的高度，且上弦多呈两坡或曲线的形式，因此，只适合当作屋顶结构。刚架和拱形结构与桁架结构覆盖空间的方式基本相同，但剖面形式上各有特点。桁架的下弦基本保持水平，而刚架呈中部高两边低的坡形，坡度较缓，拱呈中部高两边低的曲线形。用钢或钢筋混凝土等材料做成的桁架、刚架、拱形结构虽然形成大跨度的空间，解决了大空间的屋顶结构问题，但是这些结构依然存在一些缺点。后来的建筑师和科学家们又发明了仿生的壳体结构，以及悬索、网架结构。壳体、悬索、网架结构是建筑结构技术上的又一大进步。这些结构的特点是自重轻，从而可以大大增加它的空间跨度，为大型空间的建设打下基础。同时，这些结构的形式与传统建筑形式有比较大的区别，形式多变，更符合现代人的审美理想。如澳大利亚的悉尼歌剧院等建筑都采取这类结构方式，现代的大型体育场也多采用这类结构（图2-20、图2-21）。

图2-19　框架结构建筑

图2-20　拱形结构的大跨度空间

图2-21　体育场大跨度结构空间

（4）悬挑结构体系

传统的砖石等材料无法构成悬挑方式，因此，悬挑结构也是出现于钢筋混凝土材料的运用之后。悬挑结构的方式是有一定的立柱或支承，通过它们向外延伸出挑，以此覆盖一定的空间。这种结构的优点在于它可以形成四周没有遮拦的开敞式空间，多用于车站、码头、体育场的看台，还有一些大楼入口处的雨篷等。悬挑结构可以是单面出挑，以及双面、四面，甚至如伞状悬挑。伞状悬挑结构不仅可以独立使用，还可以进行组合，组成大型空间，国外就有一些展览馆之类的建筑采用这种结构（图2–22）。

（5）其他结构体系

剪力墙结构、井筒结构、帐篷结构和充气结构是较为新的结构类型。剪力墙是将承重结构和分隔空间的结构合二为一，它主要用于高层建筑，尤其是超高层建筑。它要求有很大的抗垂直荷载能力，同时又具有高抗水平荷载能力。剪力墙的侧向刚度和抗水平能力要比框架结构大得多。因此，现代许多高层建筑都使用剪力墙结构。但是剪力墙结构也有缺点，那就是空间的分隔和灵活性上要受到限制。为了解决这一矛盾，工程师们又采用了井筒结构。井筒结构具有很强的刚度，可以加强高层建筑的整体抗侧向荷载能力，并且利用井筒设置电梯和楼道、设备等。这样可以使平面空间具有较大的灵活性。如果是内外双层井筒，它的抗侧向荷载能力将大大提高。帐篷式结构由撑杆、拉索、薄膜面层三部分组成。这种结构简单，重量轻，便于拆迁，适合展览会等一些半永久性的建筑。充气结构是利用塑料、涂层等织物制成气囊，充进空气后，形成一定的形状。由于帐篷式结构和充气结构都具有重量轻，结构比较简单，造型也与传统概念中的造型有明显不同，现代许多国家和地方都采用这种结构来建设体育馆和博览会场等的一些建筑（图2–23）。

结构必须具有科学性，必须符合力学的规律。而结构的科学性又必须要结合功能的实用性，不实用的结构再科学也会失去它的意义，只有既实用又科学的结构才能得到运用和推广。合理的结构既科学又实用，同时它也必然具有某种形式特点，这种形式当然得符合美学上的要求。因此，结构、实用与审美三者关系必须是有机的统一，优秀的建筑作品必定是既符合于建筑的结构力学规律性，又适合于功能要求，还能体现艺术形式美的法则，通过美的外形反映事物内在的和谐统一性，这就是真、善、美的统一。

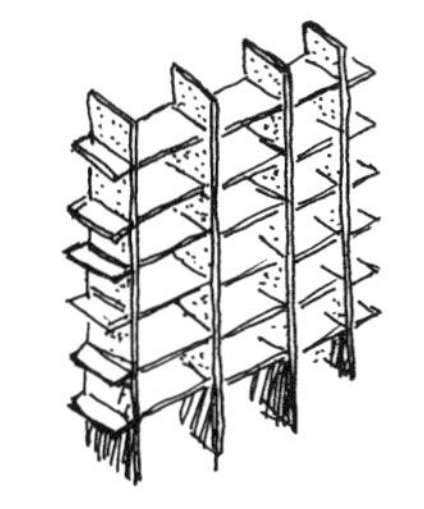

A 剪力墙结构示意图

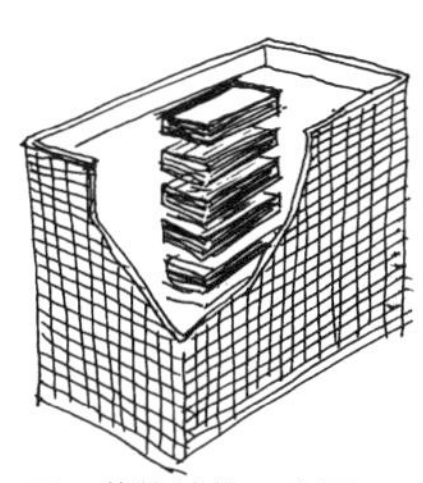

B 井筒结构示意图

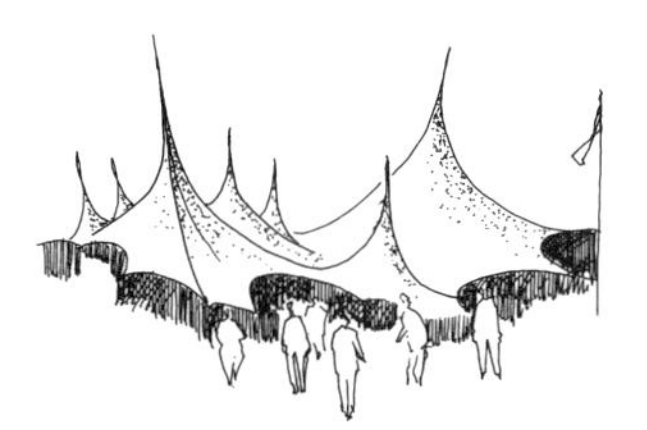

C 帐篷结构示意图

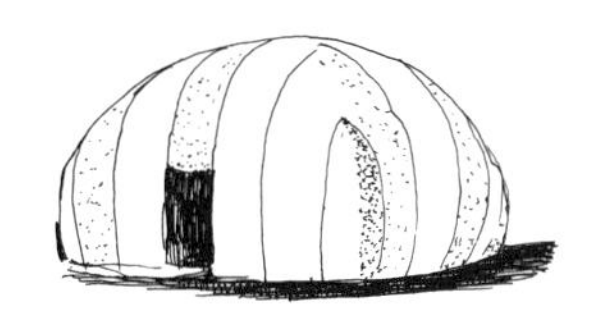

D 充气结构示意图

图2–23 几种建筑结构体系示意图

图2–22 某酒店的入口

2.1.4 空间与行为、心理（人性空间）

建筑与空间都是服务于人的，建筑空间为人的活动提供了必要的环境和场所，没有特定的环境与场所，人的许多行为也就不会发生。过去，许多建筑师非常重视建筑的作用，以致有些建筑师过多地强调建筑对于人的作用，形成“建筑决定论”，要求人们按照建筑师的设计意图去使用和感受环境。但他们忽视了人是行为的主体，只有人才是活动和行为产生的真正动因。空间与行为是相辅相成的一对关系，没有人的空间也就没有任何意义。反之，人的行为没有空间和环境作为依靠，人的行为也就不会发生。因此，了解和研究人与环境，空间与行为、心理的关系，研究人的特定行为需要什么样的特定空间环境，空间环境究竟会对人的行为和心理产生多大的影响，也是一个建筑师或环境设计师必须的工作。只有了解和掌握了这方面的知识，才可能有依据，按照人的行为特征和心理特点创造符合人的需要的空间环境。空间的组织和设计实际上是充当行为导演的工作，我们要有意识地运用行为和心理的因素，根据人的需求、行为规律、活动特点、心理反应和变化等进行空间的构思，设计创造出人性的空间，以满足人的各方面需要。

人们每天都要展开和进行自身的各种行为：早上起来洗漱、梳妆、早餐、上班、上学，有开车的、骑自行车的、走路的。各种行为活动似乎每人各不相同，无规律可言，然而仔细分析和认真观察，就会发现其中有一定的倾向性和规律性。其中有每天都按常规活动的人，也有每天活动都完全不同的人，还有更多的是平日活动有规律，如定时上班，到节假日则可以随意安排活动。就人的个体来说，人的行为没有一个规定性，每个人可以有自己的行为特征，而对于一个人群而言，一个共同的意愿或共同的行为，则可能产生共性和规律来。我们可以在一些公共场所，如车站、商店、广场等空间场合，发现这些行为的规律和特征。空间设计合理可以使人们的行为与活动变得顺畅和有序，反之，则会影响和妨碍人们的正常活动。如现在的许多中小学门口，每天到上学和放学的时间，几乎天天会造成交通堵塞，大量的学生人流，接子女的汽车、摩托车等形成拥挤混乱的场面。这些都是由于在空间规划和设计时缺少对人的行为的预先考虑和估计，造成了行为和人的活动的不便。当然，在一些学校初建的时候，还没有今天如此普及的私人汽车，学生上学也不必由父母接送，但是如今的社会状况发生了巨大的变化，作为一个建筑师和设计师必须了解和熟悉这些变化、发展的新情况。

人的行为模式有三种：一是必要性行为，指带有功利性的，有直接目标的行为；二是自主性行为，指自发的、随机选择的行为，有相当的随意性；三是社会性行为，一般由他人或他事引发而产生。无论是哪一种行为模式都可能会与空间环境产生一定的关系，可以起到诱发人的活动动机的作用，同样，也可以起到制约人的活动的作用。人的行为与空间有联系，人的心理与空间环境更加密切相关，人在不同环境中的心理反应，无论是一般心理反应（共性）或是特殊心理反应（个性），都是我们组织和设计空间时的一个方面的依据。人对空间环境的一些基础性的心理需求，如开敞感、封闭感、舒适感、可识别性等是比较容易理解的，这里不赘述。下面着重就高级心理方面做一些介绍：

图2-24　陌生人之间的距离

图2-25　人们总希望自己处于一个安全的位置

（1）领域意识与人际距离

动物出于生存的需要，有强烈的领地占有的本能，而人也同样有这种领域的本能和意识，人的周围好像有一个“气泡”。在公园里，当一个人在长椅的中间坐着，如果不是周围没有可坐的位子的情况下，陌生人一般是不会在你的边上去坐；海滩上，当你支着一把伞或铺着一块毯子，人们也不会随意进入这个范围，因为这是领域的标识；在候车室里，互不相识的人总是先选择相间隔的位子坐，只有在没有其他选择的情况下，后来的人才会去填补空缺的座位（图2-24）。人与人的接触距离由于人不同的活动类型，接触的对象不同，所处的环境不同而表现出差异。表Ⅰ是有人根据所做的调查而制的一个人际距离类型及其相应特征的对照表，可以作为参考。

建筑空间设计的大小、尺度、内部的空间分隔、家具的布置、座位的排列等必须要考虑领域性和人际距离因素。

（2）安全性和依靠感

人出于防卫的本能而要求保证自己的安全范围或领域（空间泡），会尽量隐蔽自己而面向公众，从而让自己处于一个安全的位置，这是带有潜意识的行为，这也许是所有动物具有的利于防卫和攻击的一种本能。在悬挑过长的雨篷下，人们不愿意长时间停留，尽管知道它并不会垮下来。有时空间过大，会使人产生恐惧感，宁可选择小空间以满足安全的心理。

在公园、广场中，我们经常可以发现人们喜欢在靠树、台阶、围墙等背后有依靠物的地方就座，广场的中间或四周开敞的位置往往会空着。人有时愿意去观察和注意别人，而被公众注视则会感到不安。在许多公共的空间里，可以发现空间中人的分布并不是平均的，往往是边角、墙边、廊、绿地等滞留的会较多。这些都体现了人们对于依靠感的需求。研究和掌握人的这些行为和心理特征，有助于在空间设计中考虑人流的运动，人群的分布，空间的中心位置等，利于有效而合理地组织空间（图2-25）。

（3）私密性与尽端趋向

除了上述的安全性外，人还有保证自己个人私密的需要，保证自己或小团体的私密要求，这是更高的心理需求。在各种空间场合里，人会有各种不同的私密要求，从视、听方面保持隐密性，不希望别人去了解他们。在家庭里，客厅是公共活动区域，而卧室、书房则是私密区域

表Ⅰ　人际距离类型及其特征对照表

人际距离类型	距离/cm		行为特征
亲密距离	近距离	0～15	关系亲密，对嗅觉、辐射热等均有感受
	远距离	15～45	可与对方接触握手
个人距离	近距离	45～75	具有较为密切的私人关系
	远距离	75～120	可以清楚地看到对方的表情
社交距离	近距离	120～210	社会交往，同事相处
	远距离	210～360	交往不密切，在正式场合下使用
公共距离	近距离	360～750	需要有足够的音量，以便于交谈
	远距离	＞750	要通过扩音设备和手势的帮助才能交谈

（图2-26）。公共空间里，人们也同样有私密需要，餐厅里，有包房、雅座，即使在大堂空间里，人也常常首先占据靠窗、靠隔断的位子。现代办公空间里，虽然强调人员间的交流，但是一定高度的隔断还是需要的，部门经理等的办公室一般都还是采用封闭的空间，或是玻璃隔断，以使视线连通但声音隔绝，保持必要的私密性。

在没有独立空间的情况下，人们也有尽端趋向。如在餐厅里，人们一般不希望在门口和人流来往频繁的地方就座，喜欢找尽端的地方；学生公寓里，也往往是尽端的床位先被占有，这样能使自己处于一个相对安静，避免被人打扰的环境。

（4）参与与交往愿望

人是社会性的人，不能离开社会、离开人，参与与交往的愿望是每个人都具有的。人的智慧，人的能力，人的审美，人的健康等一切都是在与人交流的基础上才可能成长和拥有的。合适的空间环境将有助于人的交流，反之，将会制约人的相互交流。“共享空间”是美国著名建筑师约翰·波特曼根据人们的交往心理需求而提出的空间理论。“共享空间”的本质意义在于，将各种空间要素和性质集合在一起，设计一个便于人们进行各种不同层次交流的空间场所，如打破室内外的界限，将自然景物引进室内，将休憩所需的静态空间和动态的活动空间相结合，空间的相互流通和渗透等。共享空间使人们有观赏和活动参与的自由选择机会，符合了人们进行交流的各种心理需要。如今，“共享空间”在世界各国都得到普通应用。

人的参与活动有两种情况，一是直接参与，二是间接参与。直接参与是指人喜欢直接加入一种活动，譬如公共广场中锻炼身体、跳舞等；间接参与指人喜欢作为观众或听众介入活动。在许多自发的社会性活动中，人们往往先是作为观众或听众处在空间的边界位置，随后情绪被调动，最后自己参与活动，进入到空间的中心位置，因此，边界具有行为的诱导性和扩散性，这就是“边界效应”。了解和合理运用边界效应也是在空间设计中考虑人们心理因素的重要方面，许多广场的设计就合理地利用边界，把“观赏”和“参与”两种活动所需空间有效地组织起来（图2-27）。

图2-26　卧室需要私密

图2-27　某城市广场

图2-28　新颖的空间造型

（5）从众心理

人还有从众的心理倾向，尤其是自己没有主意，无法判断的情况下更容易从众。如紧急事件中，火灾或突发事件的混乱中，人们往往会盲目地随着大多数人奔跑，实际自己并不清楚出口在哪个方向。在商场、展览会上，当人们没有明确方向的时候，也往往是随大流。因此，在一些公共空间里，要有意识地组织和安排交通和人流的运动去向。

（6）喜新、求异心理

常见的事物或者特征不明显的环境往往不会引起人们注意，甚至视而不见。但一件新奇的事物和从没有见过的、特征鲜明的环境却让人留下深刻印象。利用这一心理特征，在商店建筑、娱乐建筑、观演建筑等的门面和内部空间的设计中，应充分利用形、色、光的手段创造新的、变化的、具有个性的形象，来吸引人们的注意（图2-28）。

2.2　空间设计的步骤和表现方式

2.2.1　空间设计的步骤

空间设计的步骤一般可以分为资料收集、构思立意、功能分析、空间形式确立、整体考虑与调整五个阶段。

（1）资料收集

资料收集是设计工作中一个非常重要的环节，不可忽略。收集的资料包括两个方面：一是设计对象和使用者的直接情况，二是相关的背景材料。阅读和分析资料也是其中的一部分，从中能够了解对象和使用者较为详细的情况。如使用者的职业、文化水平、经济条件、兴趣爱好、即将设计的空间的性质、周边环境、气候条件等。有了第一手的资料，才能为后来的构思立意打下良好的基础。

（2）构思立意

设计的“立意”至关重要，它是设计的核心。“意”来自于构思，又外化于设计成果。“意在笔先”是所有的设计创作所共同强调的。如果没有很好的构思，没有一个准确的“定位”，那就是“无的放矢”，心理指向偏离了设计的目标，其成果必然受到影响。反之，如果立意明晰，思路开阔，则会大大扩展设计构思范围，给设计方案的产生提供更多更理想的选择。我们知道，建筑与空间的设计是一个涉及多门学科的综合设计门类，它要求设计师具有“博”而“专”的基本功底。“博”是指有渊博的知识面，“专”是指功底的扎实。对于一个想要在事业上有所突破，有所建树的设计师来说，没有“博”与“专”的基本素质是不可能有所作为的。首先，一个设计师要有正确的创作价值观。建筑或空间创作应以人为中心，而不是仅仅强调技术与物质，见物不见人。在设计者与使用者的关系方面，应尊重使用者，创作应为人服务，而不是自我表现。其次，设计者一定要积累知识，勇于实践，在此基础上做到创作上的创新和突破。由于建筑与空间的创作涉及面很广，这就需要多学、多看、多思考。同时在“再造”与“创造”的问题上要有比较清晰的认识。“再造”是借助于已知的条件，结合具体的对象进行分析与综合，随后产生的方案，类似于“借鉴”，它没有脱离原有的水平，只是一种可行的、合理的方案；而

“创造”是对原有的经验和当下的条件进行再加工改造，使它高于原型，产生前所未有的新方案。对设计师来说，只要努力刻苦，一般都能达到“再造”的水平，而“创造”却只垂青于有造诣、思维敏捷、善于创新的人。无论是“再造”还是“创造”都需要不断收集资料，积累信息。在当今的信息化社会，仅仅靠自己个人的经验积累是远远不够的，要善于学习，善于利用今天的新技术、新手段，这是今天的设计师所应具备的基本能力之一。

（3）功能分析

功能分析是指从广义的角度去考虑使用和审美等方面的问题，即在总体构思与立意的框架引导下，从建筑空间的整体到局部做全面的考虑和分析。在这个阶段要求设计师有很强的全局整体观念和细部处理的能力，分析使用性质、人员规模、活动范围、人流路线、视觉效果、技术设备要求等问题，当然更高层次的考虑还应包括艺术与文化方面的体现（图2–29）。

（4）空间形式的确立

对于空间形式的构想和设计实质上是在功能分析阶段就已经进行。空间设计是形象思维方式，对于功能的分析也不可能是纯抽象的思维，而是伴随着具体的形象进行思维的，分析的结束也就意味着形式已经基本确定。功能的分析必然是围绕着空间的形象而进行，它包括空间的形状、大小、组合方式、围合与分隔方式、交通与人流及环境的关系等，由此而确定最后的空间形式。当然，方案也许会有多个，这就需要选择最能体现设计理念的一种，做到形与意的吻合（图2–30）。

（5）整体协调、局部调整

一个方案初形成时，多少都会有不足之处，因此，一件成功的作品是需要反复推敲，反复修改才能趋近完善。建筑空间设计包含技术、艺术、社会、文化等诸多方面的因素，因此要使设计的各个方面都趋于完美，必须进行反复的考虑和斟酌。特别是在基本形体出现后，还要进一步进行调整。调整的要点是必须把握整体，无论从形式美角度考虑，还是从功能上

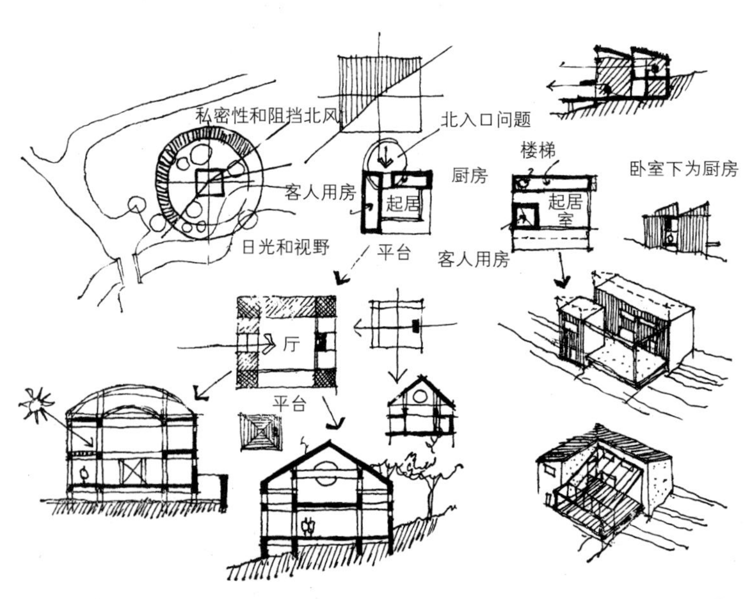

图2–30　封闭与敞开构思草图

A　功能间的基本关系

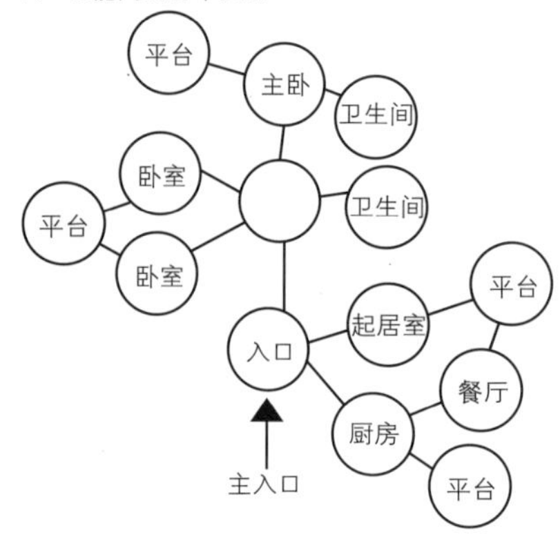

B　位置和方向

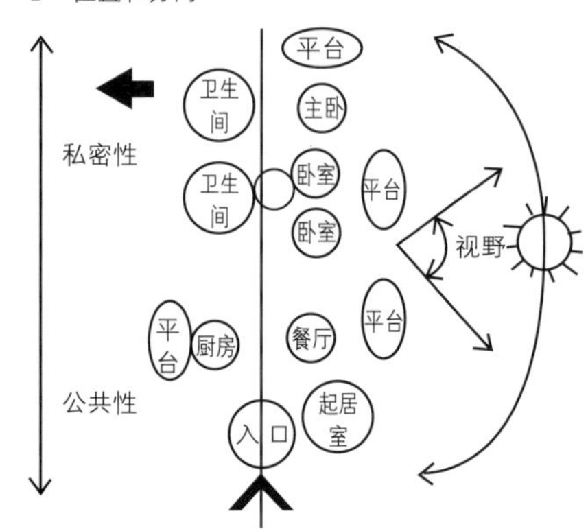

C　空间的尺度和形式

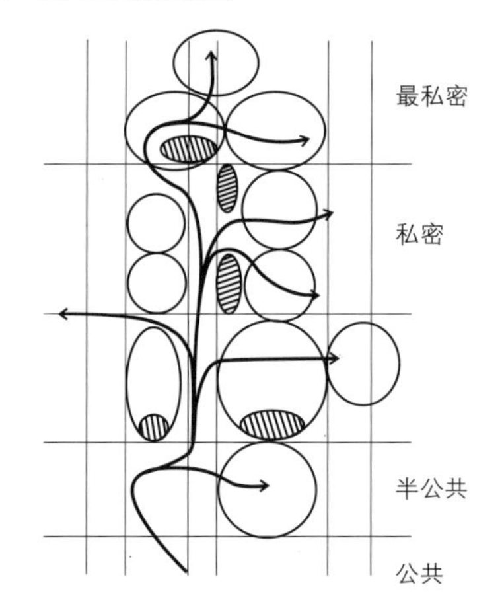

D　墙与结构

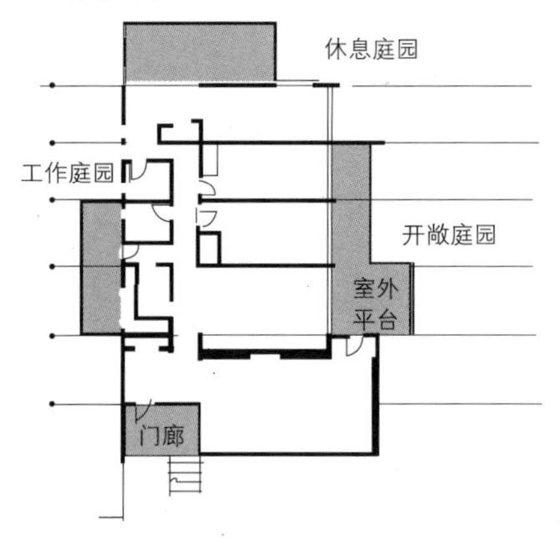

图2–29　功能分析图

认识，整体都是基本要求。在整体的基础上处理好整体与局部的关系，局部与局部的关系，空间内与外的关系等，调整后的方案应该更加完善。

2.2.2 空间设计的表现方式

对于一位设计师来说，掌握空间设计的表现方法，犹如一个人掌握语言一样重要。设计师要准确、完整、有表现力地表达出设计的构思和意图，让别人通过图纸能够正确无误地理解你的设计，这是一项设计方案取得社会认可的关键。作为设计整体中的一部分，用图像（形象）表现作为设计的语汇是极为有效，也是极其重要的。因此，设计师为了更好地开展设计工作，必须掌握和扩展他的图像表达语汇，提高运用相关手段的能力。图像的表达有多种方式，而每一种方式都有它所表现的长处，同时也有它的不足之处。掌握多种表达方式就像掌握了许多词汇一样，对你的语言表达将起很大的作用。如果把图像表达看做是即将实现的某个项目的一个小的模型，想象它是客观的存在，那么，在每个设计的不同时期，都应有相应的图像表达方式和要求，其目的就是要促进设计师与人的交流，并有助于设计师自身的设计思维。

（1）图解（思考）

图解是设计构思阶段伴随着思维的一种表达方式。艺术的思维常常是形象的思维，在整个思考的过程中是离不开具体形象的。建筑与空间设计也同样如此，设计师总是用速写、草图、图解以及一定量的文字等伴随着构思，这种方式有助于设计形象更加具体和深入。速写类表现得比较直观，但是设计的思考往往是复杂的、多方面的，有时仅靠直观图像还不足以充分表达，因此，许多职业设计师都习惯用图解的方式来帮助思考，所以图解也常与思考联系在一起使用。图解是设计师用专业的抽象语言来代表那些不易说清、难以捉摸的问题。和其他任何语言一样，图解性语言也有语汇和文法，其语汇是一系列的符号，抽象的点、线、图形符号和简化图像，其文法是建立在空间的构成因素方面，如位置、朝向、比例、远近，以及用线条、箭头，或其他手段更明确地代表的相互关系、方向或流程。图解遵照约定俗成的规则，在符号的选择，语汇和文法的一致性上尽可能地做到简洁、清晰，使图解方式既明确，又有较大的信息包容量。图解是设计师帮助思维的一种辅助方式，也是与人交流，特别是业内人士相互交流的理想方式（图2−31）。

（2）剖面图

剖面图也可以说是在平、立面图的基础上对空间的进一步讲解和表现。剖面图能表明空间的尺度、光照以及空间的特征和对空间的感受。虽然它不能表现三维空间，但是比平面图更能表达人与空间之间的关系。其不足之处是必须依赖特定的剖切面，而且表现的是局部的空间状况，不能全面地反映整个空间的关系，因此，必须要有许多剖面图才能表现一个完整的建筑空间（图2−32）。

（3）平、立面图

平、立面图是建筑设计与施工中最常见的一种设计表达方式，它是根据平行投影的原理形成的表现方法。其优点是可以准确地表现出空间对象的形状、尺度和比例关系，包括水平和立面的分隔方式、空间的组合关系、门窗的大小形状和位置等。但是，这种方式的不足之处在于，它是二

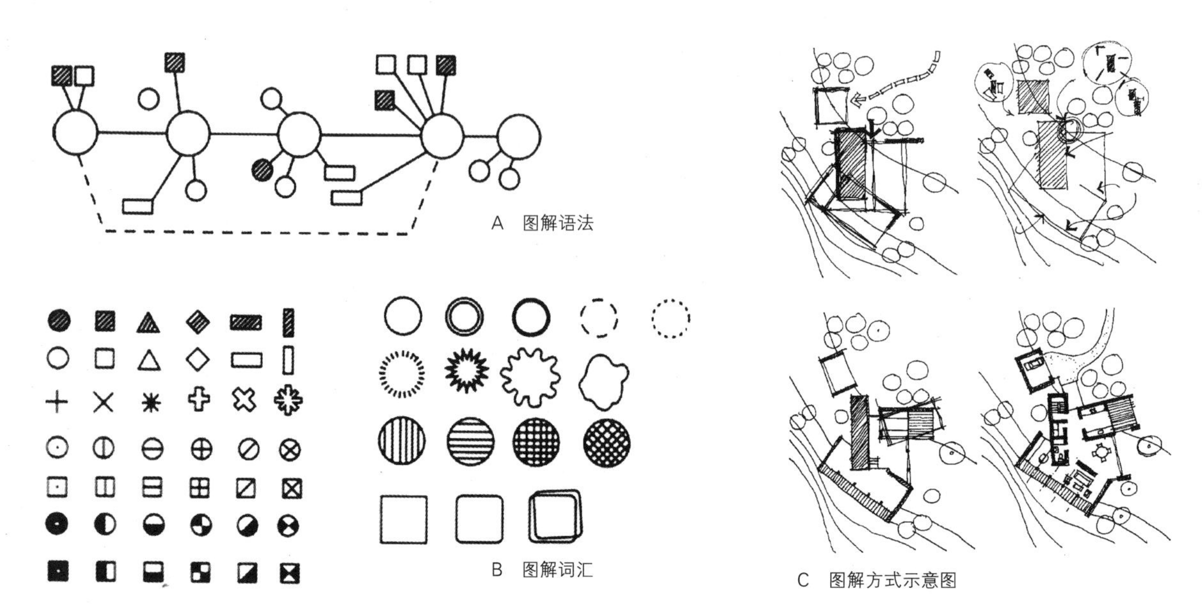

图2-31 图解思考

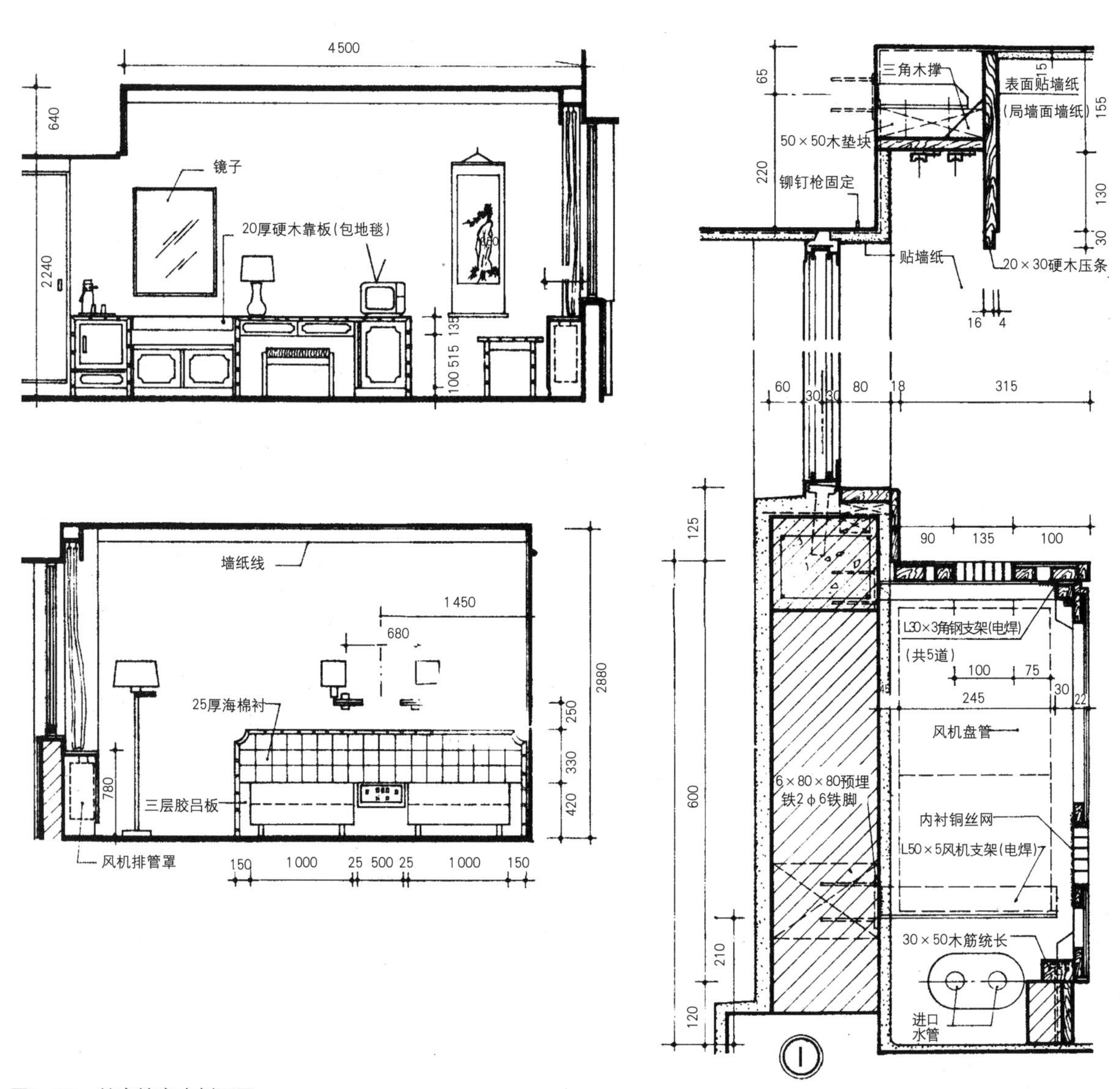

图2-32 某宾馆室内剖面图

维平面的，不足以反映三维空间的关系，而三维的空间又恰恰是建筑设计、环境设计的核心。意大利著名设计师布鲁诺·赛维在《建筑空间论》里以圣彼得大教堂为例对平面表现的缺点做了详细的分析和讲解（图2-33）。

（4）轴测图

轴测图是一些设计师偏爱的表现手段，它的长处是方便简单好操作，同时它又能表现类似透视的关系。比起平面图，它的表现内容要更多些。缺点是它的视点是非常态的（图2-34）。

（5）透视图

透视图是一种非常直观的设计表现手段，具有很强的表现力。它用三维透视的原理能比较真实地反映空间的状况及空间的环境气氛。使用透视图也比较容易与客户或委托方进行交流和沟通。透视图的缺点在于，由于它的视点是固定的，因而图面上只是某一个角度的空间效果，不能反映多

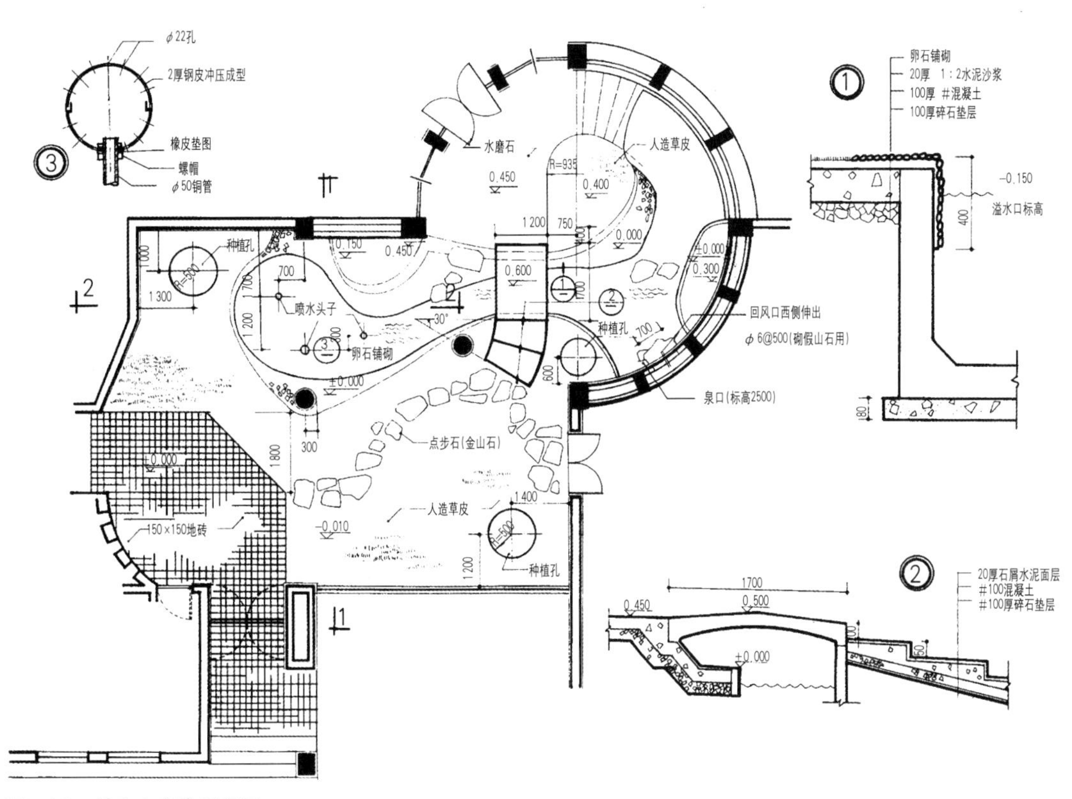

图2-33　某室内庭院平面图

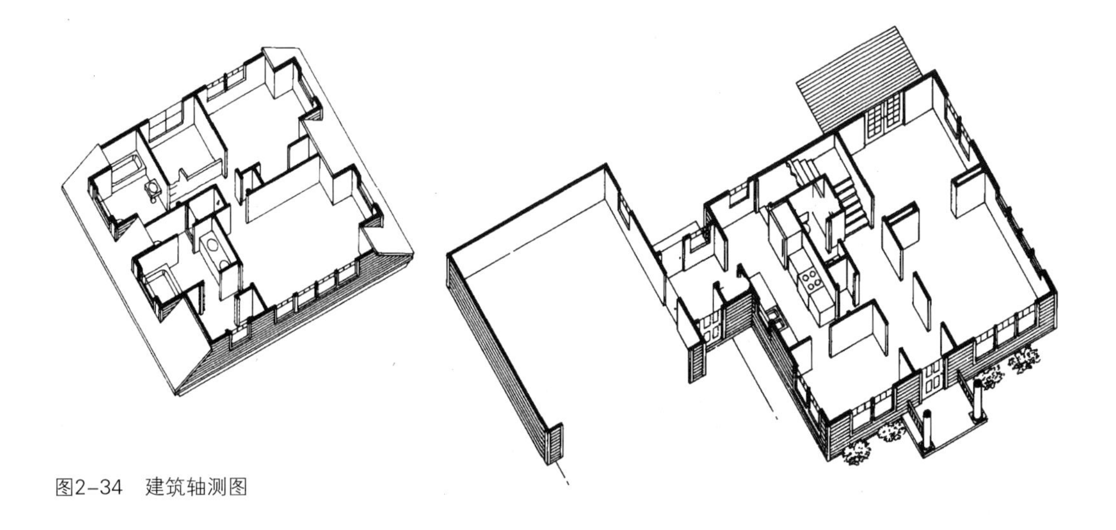

图2-34　建筑轴测图

角度的整体效果。再者，由于透视图是根据透视缩短的原理进行制图的，所以它产生了较大的变形，不能作为施工的依据，而更多的是作为表现图给客户或委托方进行审查方案或者用于广告宣传。另外，透视图的制作要耗费大量的时间，且需要较高的绘制技巧，所以使一些设计师望而却步。当然，现代计算机技术在建筑设计领域内的运用，使得过去难以胜任的工作变得轻而易举。许多建模软件功能强大，且只要建成一个三维模型，就可以做全方位的改变方向，在任何一个角度都可以形成透视图。这样，使得透视图的绘制变得极为简单和方便（图2-35）。

（6）模型

模型是采用比较客观、真实的手法将空间对象的各种关系表达出来，如空间的形状、体量、组合、分隔、门窗以及与环境的关系等。但是，由于模型是按比例缩小制作的，因此，它就没有一个真实的尺度，而尺度对于空间来说是极为重要和关键的，模型缺少尺度，就难以使人去体验和感受身临其境的空间效果。模型也主要是作为与客户交流或者用于广告宣传（图2-36）。

（7）三维动画

三维动画在建筑设计领域的推广，使得设计的表现手段得以很大的提高。我们说，建筑空间是三维的立体空间加上时间的四维空间关系，三维动画可以用连续视点的方式，时间加空间，让人非常真实地感受到空间的一个完整效果，产生身临其境的感受（图2-37）。

图2-35　三维透视渲染图

图2-36　建筑模型

图2-37　三维动画效果图

2.3　内部空间的设计

空间是建筑的主角，空间设计的优劣直接影响到人们在空间的各种活动中使用是否方便，精神是否愉悦。同时，空间也从某种意义上反映了人们的物质文明和精神文明程度。因此，设计师必须针对人们不同的功能要求，设计和创造出各种不同种类的空间以满足需要。

内部空间是人类的栖身之地，人们绝大多数时间是在室内度过的，因此，内部空间与人们的生活更为紧密。内部空间的涉及面较多，也较具体，在使用方面和对人产生的精神作用方面都是设计师需要反复思考的，是设计师的主要工作内容。内部空间可以分为单一空间和组合空间两种情况。

2.3.1 单一空间

在现实中单一空间是比较少见的，绝大多数是以组合形式而存在的。但是，单一空间是设计的基础，只有在合理的单一空间设计的基础上，才可能完成由各个单一空间组合的整体空间。

（1）空间的形体

作为虚的体积，空间首先是要保证和满足人在特定空间内的具体活动的要求，而人的行为是多种多样的，从而也就要求有相适应的空间形式（形体）来满足各种不同的行为，这是设计必须要重点分析和考虑的功能因素。但这只是设计的一方面，另一方面是关于空间形体与人的心理感受的相互关系，这是设计的难点，也往往是设计的关键。空间的形是多种多样的，每一种形体都有它的形式特点，并且给人造成不同的心理感受。空间的形体是复杂的，对于具体的空间精神要素要具体的分析，不可简单评论。但是从几何形体的概念上来说，还是可以有一个基本的形体性格特征的认识。譬如，圆形平面的空间一般具有集中、向心的特点，所以一些体育场馆和娱乐观赏空间都采用这种空间形体。在我们的生活中最常见的是矩形平面的空间，从建筑构造层面上说，它比较符合技术、经济等原则，因而使用较多。矩形空间由于空间的长、宽、高的比不一样，形状也可以有各种变化，所产生的空间感受也是各不相同的。一个窄而高的空间，由于竖向的方向性较强，就会产生向上的感受，可以引起人崇高而兴奋的情感。一个细而长的空间，由于纵向的方向性较强，就会产生深远的感受，可以引导人们的期待心理，在一些展览厅或过道常使用这种空间。当然，在实际空间设计中，远不是如此简单。不同的基本形体，同一形体的不同比例（如长、宽、高之比）都会形成不同的造型感觉。人们还常在几何形体的基础上，进行切割重组来形成新的空间造型，以此来实现空间形状的多样性，满足人们的审美需求。总之，空间形体的设计既要保证其特定的功能要求的合理性，又要使其含有丰富的艺术想像和精神内涵，只有这样，才可能是设计合理和具有特色的空间形体（图2-38）。

图2-38　圆形平面的空间具有向心的性质

图2-39　合适的空间尺度和比例能创造宜人的空间环境

（2）空间的尺度与比例

比例是指空间中各要素之间的数学关系，譬如，一扇窗的高与宽之比，一根柱子的高与直径之比。空间的宽度、深度、高度之间的比例关系也会影响空间的形体特征，产生不同的空间感受，因此，要掌握合适的比例以符合功能的需要。尺度强调的是人与空间各要素之间的比例关系。一个合适的比例不存在体量的大小问题，如2：3的比例，它可以像火柴盒大小，也可以是一栋高楼，而尺度则不同，尺度往往是以人为尺寸标准的，人的尺寸是有一个基本单位的（尽管人种不同，欧美人稍高，亚洲人偏矮）。空间是为人的行为活动而建造的，因此，一切元素的大小尺度必须以人来衡量。如台阶高度过高或过低都会造成人行动的不便，桌子与椅子等直接与人接触的空间中的部件更是要适合人的尺度。由此，人们也经常以生活中熟悉的有基本尺寸范围的物体作为尺度的对照物，如家具、窗台、栏杆等。一个设计完整的空间必然有一个好的尺度，这个尺度要恰好符合空间功能的使用和心理上的期望（图2-39）。尺度对于使用功能和精神功能的标准是有区别的，从使用的角度讲，尺度的可调范围相对较小，如空间的高度对于一般活动只要在2.7～3m就可以满足，而心理的需求则有较大的可调尺度范围，如2.7m的高度作为住宅或许是比较温馨亲切的，但这样的高度作为公共空间显然会觉得比较压抑。这样的感受来自于两个方面的原因：一是比例，2.7m的高度与住宅空间的4～5m的长度或宽度比例是比较适度的，而对于公共空间几十米，甚至上百米的长与宽来说，这个比例显然不恰当，必然造成压抑感；另一个原因也许是人的心理期望，由于人们已经习惯和熟悉大多数空间的尺度，心理上也有了家庭的、办公室的、商场的、体育场等各种空间的大致标准，一旦人们进入的空间不是他们所期望的空间尺度就会产生心理上的变化，这种变化或许就是一种失望，一种不愉快。同一个部件，在不同性质的空间里，它的尺度要求也是不相同的。譬如，一道门，对于普通的住宅和办公室来说，2m高已经足够了，过高反而会使空间显矮。但是，公共建筑中的大空间里，2m高的门显然会感觉矮小，所以，人们常常会适当地将公共空间的尺度放大，以保持空间的视觉尺度感平衡。总之，空间的尺度与比例问题是极为重要的，合适的尺度与比例是建立在对具体使用和心理两方面进行认真分析的基础上的（图2-40）。

图2-40　公共空间的大尺度比例关系，重视了人们的使用和心理特点

（3）空间的围合与分隔

空间是由建筑实体元素围合和限定而形成的。在内部空间中，还常常把空间围合或分隔，进行空间的再创造。不同界面元素的性质和不同的造型以及几个界面的不同组合方式，都可以使空间具有各种不同的形态和特征。空间中的部件、家具、绿化以及质感、色彩等，经过设计和处理都可以造成某种类型的空间。

1）覆盖（顶界面）：覆盖方式也就是限定一个顶面以形成空间。顶界面对于人在空间中的感受作用是很大的，有无空间的顶界面，常常是区分内部空间与外部空间的依据。一个院子，哪怕围合得密不透风，依旧不能感觉是在室内，而一个亭子，尽管四面无遮挡，仍可给人以室内的感觉。这是因为顶界面可以遮挡太阳光和避雨雪，给人以较强的安全感，可以与地面共同形成空间的"场"。自然空间中，用顶界面覆盖就可以形成室内空间，在内部大空间里，也可以用覆盖手段再造空间，形成空间中的空间。不同的覆盖材料、方式和手段也就会有不同的空间效果，可以塑造不同的空间性格和特性（图2-41）。覆盖的顶面一般以平面为多，但也有不同的造型，如圆拱形顶可以使空间有向心的感觉，双面斜坡则引人向上（图2-42）。中国传统的建筑常把顶面的设计与结构巧妙结合，"彻上明造"就是把梁架露明，在上面做藻井、彩绘等，充分利用结构构件进行装饰（图2-43）。现代的一些新型材料和结构的顶面也经常有让人耳目一新的效果（图2-44）。顶面的高矮可以给人不同的空间感受，偏矮的顶面常是亲切、温馨的，而高耸的顶面是开朗、愉快的。所以，一些家庭居室常做吊顶，可以使顶面有一些变化和适当降低高度，以求得到温暖和融合的空间环境。覆盖材料同样可以创造变化：硬质材料，如混凝土，做表面涂料的效果比较中性；木质材料相对比较自然，有亲切的感觉；金属材料比较冷漠，有现代工业的气氛；软性材料使用恰当可以创造很好的效果，在一些较高的空间，尤其是一些短期使用的空间里，如展览会中，人们常用织物、布、丝绸、麻等悬挂物，悬挂形式多样，易造成曲线型柔性空间（图2-45）。局部的覆盖可以营造空间中的空间，是虚拟空间的一种。譬如，在舞厅的舞池部分，常常设置局部的搁栅，一是用以固定各种灯具，同时也使舞池空间降低，形成顶面的高度差，使舞池有集中、凝

图2-41　机场独特的顶面造型给人以清新的视觉感受

图2-42　欧洲教堂的顶造成向心、向上的感觉

图2-45 软性材料构成的顶棚

图2-43 中国传统建筑常将结构与顶面有机结合

图2-44 新材料构成的艺术性顶棚设计

图2-46 仿自然物的局部顶处理

图2-47 由隔断形成的办公空间

图2-48 中国传统的“花罩”分隔空间

聚的向心力，类似的局部覆盖的例子在实际空间中比比皆是。有时局部的覆盖造成的室内感，还可以使人产生一些室外的感觉。如在宾馆的共享空间里，用遮阳伞、织物、灯饰，加上周围的树木、绿化、水体，从而形成很强的自然空间的环境，让人感觉仿佛置身于大自然中（图2-46）。

2）围合与分隔（侧界面）：围合与分隔也是内部空间创造的一种常用手法，以此来进行空间的再创造和空间的组织。分隔是用实体要素将空间“分”开，围合是用实体要素将空间“围”起来，围合至少要几个方向的面才能形成。实际上，围合和分隔在某种程度上是一个事物的两个方面，或者说具有类似的意义。对内部空间中的某个部分用实体要素把这个空间“围”了起来，但同时也将此空间与整体空间“分隔”开来了。围合与分隔是对空间进行一种限定，由于限定可以采用各种材料要素和不同的限定方法，从而产生不同的限定效果，这样空间也就有了多种形态和空间性质。围合与分隔关系到空间开敞与封闭的状态，围得四面不透是封闭空间，四面皆透又是开敞空间。采用哪种空间性质取决于空间的使用功能和精神要求，不同的需要采取不同的手段。譬如，在一些办公的通用空间里，使用和心理要求都希望人们在空间中既能有自己独立的工作区域，又可以在需要时能方便地相互交流。这样的空间是不能“围”或“隔”死，也不能不“围”不“隔”，那么，有一定限定度的隔断是比较理想的方式（图2-47）。1.2～1.4m高的隔断既可以使人坐下视线不被干扰，同时也可站起来与人谈话。中国古代建筑中也常用“花罩”、“屏风”等分隔空间，但仍使空间有流通和层次感（图2-48）。用透明的材料，如玻璃等，做分隔可以形成虚面，也可以适合某些空间的需要（图2-49）。同一种材料，不同的构成方式也会有不同的限定度，如木材可以做限定度很高的墙面，而用木条做成搁栅式则是一个虚面。现在一些住家的入口处，出于功能和心理的需要，有个玄关或隔断可以遮挡一下视线（图2-50）。但往往房子空间不大，隔了嫌“堵”，不隔又太“敞”，用虚面的方式可能会有较好的收效。类似的限定度的分隔处理在许多空间内都会遇到，如餐厅、酒吧、歌厅等，这就要求设计师认真地分析和思考。象征性分隔也是常用的手段之一，象征手段常用绿化、水体、甚至色彩和质感的区别来将空间分隔，这种分隔往往限定度很低，更多的是在心理上形成的空间区域感（图2-51）。围合与分隔空间的形体也会造成不同的感受结果，常用的界面元素以平面的为多，形成的矩形给人以规整的印象，但圆形或曲线形确实可以使空间形体产生变化，让人感觉流畅、柔和，避免生硬感。界面如是平滑的，给人平整、清爽的感觉，但如果界面上有凹、凸的造型，往往可以使空间产生厚重感或使空间有变化。侧界面的窗子开设主要是出于使用功能的需要，但是窗子开设的多少、位置、形状、大小却可以对人的心理造成相当大的影响。中国园林建筑中的景窗常可以起到借景的作用，把室外的景引到室内。勒·柯布西耶的朗香教堂墙面的各种大小、形状不同的窗子，光线射进来形成一种神秘的空间艺术效果（图2-52）。围合与分隔的方法和手段是多样的，设计时必须以满足功能和精神要求为宗旨。

3）抬高与降低（底界面）：用抬高与降低的方法造成地面的高度差，以此形成空间感，也是常用的手段之一。当然，这种手段的限定度不如围合与分隔那么强，因此，有相当的成分是属于心理上的。譬如，在地面上用下沉的方法，将一部分面积降低几十厘米，可以明显感觉到空间有了某种限定，尽管这时视线是连贯的，仍然可以产生空间的独立性。这样的空间由于类似矮隔断的围合，因此有一定向心的作用，易产生亲切和温馨感，家庭的起居室常采用这种手法（图2-53）。用抬高的手法使部分地面升高，造成空间的独立，也可以达到同样的目的。只不过抬高地面形成的空间往往是离心的、扩散的，但也可以引人注目，形成视觉中心，舞台、讲坛等常采用这种手段（图2-54）。降低地面的程度直接影响到被限定空间感觉的强烈与否。如30cm以下可以有轻微感觉，当达到1m左右可以有明显的独立空间感，超过人的高度就完全成了另外一个独立空间了。这种“抬高”与“降低”的例子有时也在侧界面上运用，叫做“隆起”和“凹进”。“隆起”和“凹进”度的掌握同样重要，“凹进”过深过大则形成了另一个空间，过小过浅就成了肌理变化。

4）设置：除了上述三种不同界面的限定空间手段外，还可以通过其他一些方法来制造空间，设置是最常见、最简单的方法。任何建筑实体

图2-51　用围栏的方式进行象征性空间分隔

图2-52　教堂的内部空间

图2-53　地面下沉形成空间

图2-49　玻璃做隔断形成的是虚面效果

图2-50　家庭住宅的玄关

图2-54　地面的抬高形成空间

元素都可以在空间中形成空间的“场”，覆盖、围合、分隔等也都是利用了这种“场”的作用原理。所谓设置是指空间中的一些相对独立的物体，如某一件家具、一座雕像等，在它们的周围可以形成一定范围的空间场。这些独立而处的物体被称之为“设置”，它们往往是视觉的中心，在空间中可以起到强化空间的作用。常被用来作为“设置”的有雕塑、家具、花坛、建筑构件等（图2-55）。

5）肌理与色彩：肌理与色彩的变化也可以形成一定的虚拟空间的感觉。通过对地面的局部区域采用不同的材料或色彩处理，造成色彩与肌理的差别，也可以使空间发生变化。常见的如在大厅入口处铺设一色彩艳丽的地毯，引导客人到楼梯或其他的空间（图2-56）。

当然，在实际的空间中，手法的运用并不是单一的，往往是多种手法的并用，譬如覆盖（顶）加上抬高或降低（地面），效果就很突出了，围合又加上肌理与色彩的变化，空间感就更强烈了。

图2-55　用小品等进行空间“设置”

图2-56　用材料的色彩和质感造成虚拟空间

2.3.2　空间的组合

空间都是以多空间的组合形式，或复合空间的形式而存在的。纯粹的单一空间几乎是没有的，即使是只有一个房间的建筑也必定由于功能的需要而划分为不同的空间区域，所以空间设计的另一个重要内容就是空间的组合。从功能的角度讲，各空间之间都不是孤立的关系，而是彼此关联的一个功能系统，组合关系的好坏直接影响到空间的使用功能。从精神要求讲，建筑空间的四维特性就是强调人在空间中的移动变化，从一个空间到另一个空间就必然要求空间之间的统一、连贯。空间组合的基本原则是方便快捷、合理有序、整体而有变化，要充分考虑空间的功能分区、交通组织、通风采光、景观需要以及建筑周边环境的条件限制等要素。

（1）空间关系

在阐述空间的组合之前，首先要对空间的关系有一个清晰的认识。空间与空间存在着四种关系：一是空间内的空间，二是穿插式空间，三是邻接式空间，四是由公共空间连起的空间。

图2-57　空间内的空间

1）空间内的空间：一个大空间可以封闭起来，并且其中包含一个或几个小空间，小空间与大空间产生视觉上的联系和空间的连贯性，这就是空间内的空间。这种空间关系在实际空间中是比较常见的。封闭的大空间作为小空间的三度的场地而存在，两者之间必须有明显的尺寸差别，这种关系才容易被知觉和认识到。小空间在大空间中被感知的程度主要取决于小空间与大空间差异性的大小，首先是大小的对比，其次有朝向的对比、形状的对比，甚至色彩等其他要素的对比关系（图2-57）。

2）穿插式空间：穿插式空间是由两个空间构成，两空间范围相互重叠部分形成一个公共空间地带。当两个空间以这种方式贯穿时，仍保持各自作为空间所具有的界限及完整性（图2-58）。两个穿插空间的最后造型，有下列几种情况：

①两个空间的穿插部分，可为各个空间共同享有。

②穿插部分与其中一个空间合并，成为它的整体体积的一部分。

③穿插部分自成一体，成为原来两空间的连接空间。

图2-58　穿插式空间的平面示意图

3）邻接式空间：邻接是空间组合中最常见的形式。邻接的各空间按各自的功能或象征意义的需要，划定自己明确的区域。相邻空间之间的视觉和空间的连续程度，则取决于将它们分隔又将它们连接起来的面的特点（图2-59）。分隔面有：

①限制两个邻接空间的视觉和实体的连续，加强空间各自的独立性，产生两者相异的效果。

②作为一个独立的面设置在单一顶面的空间里。

③以一列柱子分隔，可使两空间具有很大程度的视觉和空间的连续性。

④通过两个空间之间的高度差和表面处理的变化来暗示。

4）公共空间连接的空间：相隔一定距离的两个空间可由第三个过渡空间来连接（图2-60）。在这种关系中，过渡空间的特征具有决定性的意义：

①过渡空间的形式与朝向可与它所连接的两个空间不同，以表示它的连接作用。

②过渡空间与两个连接空间的形式和尺寸完全一样，形成一种线式空间序列。

③过渡空间本身可采用直接式，以连接几个相隔一定距离的空间，或者连接一系列彼此没有直接关系的空间。

④如果过渡空间足够大，它可以成为这种空间关系中的主导空间，具有将一些空间组合在其周围的能力。

⑤过渡空间的形式可以完全根据它所连接的空间的形式和朝向来确定。

（2）空间的组合方式

基于上述对空间关系的分析，下面就可以进行空间组合方面的进一步论述。空间的组合方式大致可分为五种：

1）集中式组合：集中式组合是一种稳定的向心式的构图。它是由一定数量的次要空间围绕一个大的占主导地位的中心空间构成。处于中心的统一空间一般是规则的形式，尺寸上要大到足以将次要空间集结在其周围。组合的次要空间的功能和尺寸可以完全相同，形成规则的，两轴或多轴对称的总体造型。次要空间的形式或尺寸也可以相互不同，以适应各自的功能或周围环境等方面的要求。由于集中式组合没有方向性，因此可以将引道和入口的位置按场地特点设于次要空间，并予以明确的表达。一些体育馆、剧院以及西方的一些教堂常采用这种空间组合方式（图2-61）。

2）线式组合：线式空间组合是由多个空间或系列空间用一种方式把它们连接起来。这种连接可以是逐个连接，也可以以一条独立的线型空

图2-59　空间的邻接

图2-60　公共空间起着连接各空间的作用

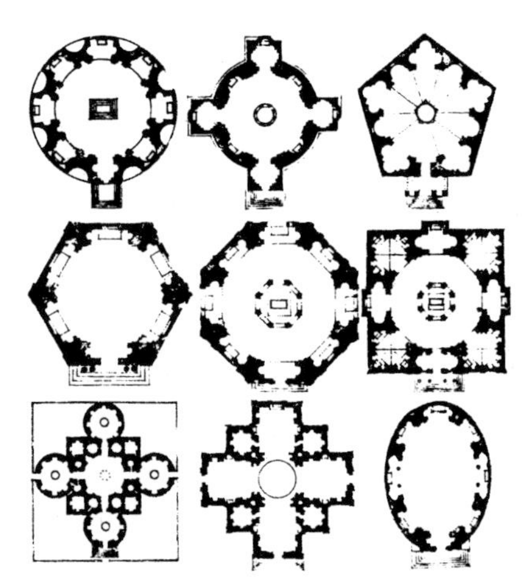

图2-61　集中式组合平面示意

间将它们串联在一起。线式空间中的各空间的功能、形状、尺寸相互可以是相同的，也可以是不同的。由于线式空间的特点是长，有方向性，有运动、延伸的意味，所以一般要注意它的连贯性和节奏感。它的起点空间和终止空间多半较为突出，有明显的标识。线式空间的方式在展览馆、博物馆、陈列室等建筑中较常用（图2–62）。

3）辐射式组合：辐射式组合是综合了集中式和线式组合的要素而形成的一种组合方式。它由一个主导中央空间和一些向外辐射扩展的线式组合空间所组成。集中式组合是内向的，趋向于向中间聚焦，而辐射式组合是向外扩展的，通过线式的“臂膀”，辐射式组合向外延伸，与周围环境的特点很好的结合。辐射式的中央空间一般是规则的形式，而向外延伸的线式空间可以功能、形式相同，也可以各有区别，突出个性（图2–63）。

4）组团式组合：组团式组合通过紧密连接来使各个空间之间相互联系，通常由重复出现的格式空间组成。这些格式空间具有类似的功能，并在形状和朝向方面有着共同的视觉特征。组团式组合也可在它的构图空间中采用尺寸、形式、功能等各不相同的空间，但这些空间要通过紧密连接和诸如对称轴线等视觉上的一些规则手段来建立联系。因为，组团式组合的造型并不来源于某个固定的几何概念，因此它灵活多变，可随时增加和变换而不影响其特点。由于组团式组合造型中没有固定的重要位置，因此必须通过造型之中的尺寸、形状和功能，才能显示出某个空间具有的特殊意义。有时在对称或有轴线的情况下，可用于加强和统一组团式空间组合的各个局部，有助于表达某一空间的重要意义，当然也有利于加强组团式空间组合形式的整体效果（图2–64）。

5）网格式组合：网格式组合的空间位置和相互关系，通过一个三度的网格图案或范围而得到其规则性。两组平行线相交，它们的交点建立了一个规则的点图案，这样就产生了一个网格。网格投影成第三度，转化为一系列重要的空间模数单元。网格的组合力量来自于图形的规则性和连续性，它们渗透在所有的组合要素之中。网格图形在空间中确定了一个由参考线所连成的固定场位，因此，即使网格组合的空间尺寸、形式或功能各不相同，仍能合成一体，具有一个共同的关系。在建筑中，网格大多是通过骨架结构体系的梁柱来建立的。在网格范围中，空间既能以单独实体出现，也能以重复的方格模数单元出现。无论这些形式和空间在该范围中如何布置，如果把它们看作“正”的形式，那么就会产生一些次要的“负”

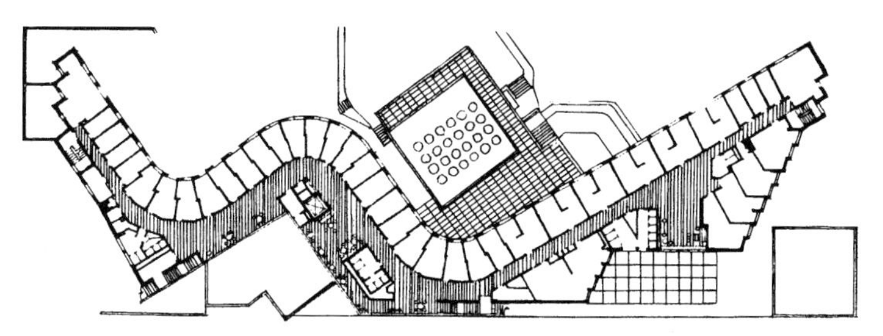

图2–62　贝克宿舍楼线式组合平面示意图

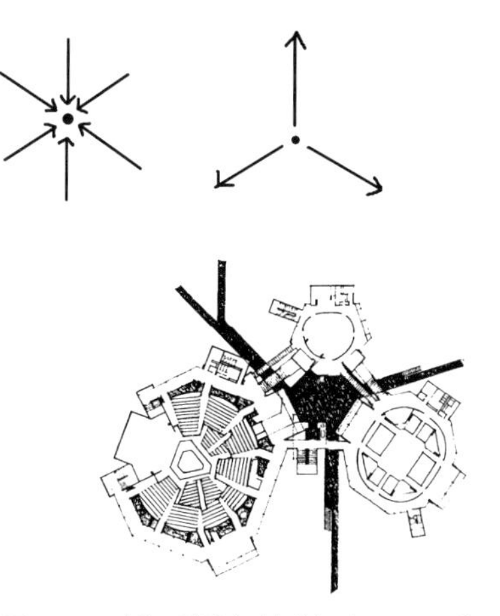

图2–63　新亚剧院辐射式组合平面示意图

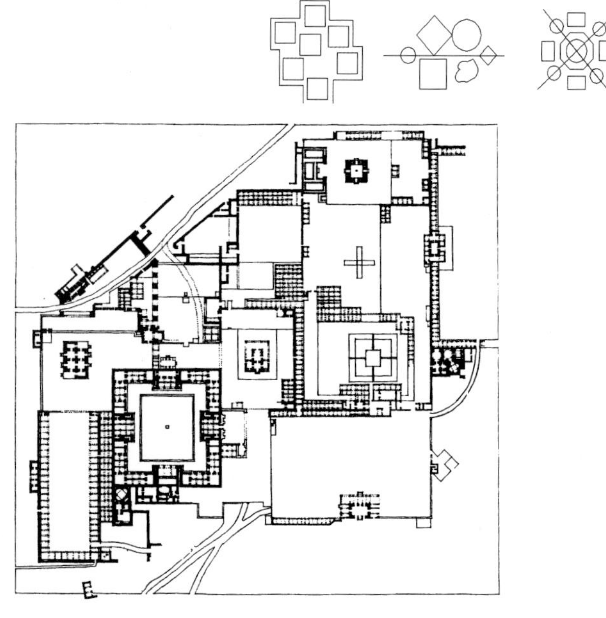

图2-64　印度莫卧儿大帝宫室组团式组合平面示意图

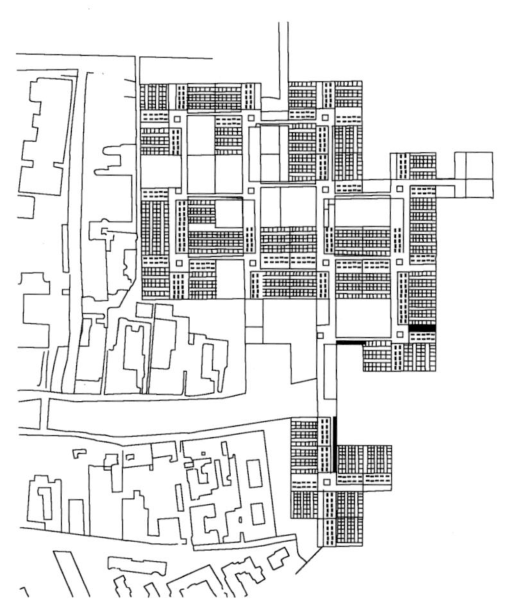

图2-65　某医院网格式组合平面示意图

空间。网格也可以进行其他的形变，某些部分可以避免偏斜以改变在该领域中的视觉和空间的连续性。网格图形还可以中断，划分出一个主体空间或者提供一片场地的自然景色。网格的一部分可以位移，并以基本图形中的某一点旋转。网格能使场地中的视觉形象发生转化——从点到线，从线到面，以至最后从面到体（图2-65）。

（3）空间组合的特殊技巧

1）空间的衔接与过渡：在建筑空间组合关系中必然遇到一个重要的问题就是空间的衔接和过渡。它涉及人们从一个空间到另一个空间时所产生的心理感受和使用功能上的便利与否。两个空间之间过渡处理过于简单，会让人感到突然或单薄，比如，只是简单的洞口或门直接连接两个大的空间，难免使人感到平淡，缺少趣味。空间的衔接和过渡，犹如音乐中的休止符，使之段落分明、抑扬顿挫，富有节奏感。空间的衔接和过渡一般分为直接和间接两种方式。直接方式是两个空间直接的连通，以隔断或者门洞等进行处理。在前面围合与分隔的章节里已对分隔方式做了比较详细的讲解，在此不再赘述。空间的间接过渡方式往往是在两个空间之间设置一个独立空间作为过渡，称之为过渡空间。过渡空间的作用常常是两方面的：一是出于实用方面的要求，譬如，家庭的门口设置一个玄关，保证安全和私密，也可作为换衣服、鞋帽的地方；电影院、剧场等由于内外的光线强度差比较大，为了有一个视觉适应的过程，一般在入门处都设一个休息厅或门厅。在宾馆、餐饮、办公等入口的接待空间则既有使用的作用，也有表示礼节和制造气氛的作用。两个被连接的空间往往由于功能、性质的不同，在空间的形态、气氛上也会有较大的差别。要解决这种差异的突然感，就必须考虑用过渡空间去缓冲、调和或者制造出起伏的节奏感。缓冲、调和是在空间之间的差异中找出共性来，在统一的前提下用个性化的方式去衔接两个空间。内外空间之间也存在着空间衔接和过渡的问题，所以，许多建筑的入口处采用门廊、柱廊的方式，以实现空间的过渡。悬挑雨篷的形式属于覆盖的方式，有内部空间的因素，但无侧面围合，又带有外部空间的性质，所以也是比较理想的过渡空间（图2-66）。

2）空间的对比与变化：空间的组合或系列空间的设计所面临的问题之一，就是如何在不同的功能要求下，把各种空间统一起来。但是，仅仅是统一还不够，而且要求在统一基础上求变化。对比与变化可以突出各自空间的特点，可以使人兴奋，产生新鲜感，加深印象，没有对比和变化只会使空间平淡无奇。那么，如何来依据空间的功能特点，巧妙地用对比与变化的手法把空间的个性部分发挥和强调出来，在统一的基础上实现各空间的和谐连接，这是设计要考虑的问题。在具体设计中，一般常采用的对比手法有，体量的对比、形状的对比、空透程度的对比等。不管是采用哪种手法，其要点都是要从人的心理活动出发考虑问题。“欲扬先抑”一般是用在体量的对比上，即进入大空间之前先让人去一个小空间，以达到对比，使产生为之一震的效果；形状的对比、空透程度的对比也是同样，先让你进入一个封闭、较小的空间，随之而来的是突然豁朗、开阔的空间，从而产生的是一种美感；带着矩形空间的印象，突然眼前变化为圆形或者扇形，这同样会带来内心的震撼。当然，求对比是追求多样和变化，但仍要尊重客观规律，保证功能和建筑结构的基本要求。

3）空间的重复与再现：空间的对比强调的是统一中求变化，空间的重复与再现则更多的是寻求相似。无论是对比与变化，还是重复与再现都是艺术形式美规律中的重要法则。重复是把相同的东西有序的组织起来，从而产生节奏和韵律。对比可以给人兴奋、刺激，而重复给人的是和谐、秩序的感受，两者都符合人们的心理需要。建筑中的对比、重复也同样遵循这个规律，所不同的是，建筑空间在遵循形式美法则的同时，还必须受到功能要求及结构技术原则的制约。在设计中，将对比与重复结合在一起，相辅相成，才能获得更好的效果。

4）空间的引导与暗示：建筑往往是多空间的组合，是一个空间群，在现实空间中，人只能是由一个空间到另一个空间，而不可能像看平面图一样，对于空间的分布一目了然。引导与暗示是利用人的心理特点和习惯，合理而巧妙地设计安排路线，使人自然地、不经意地循着预先安排的路线到达目的地。有时设计师也会有意把一些“趣味”空间放在隐蔽处，就是要通过某种引导与暗示，产生“柳暗花明”的心理感受。引导与暗示是一种艺术化的处理方法，它不是路标式的信息传递，而是通过人们感兴趣的某种形状、色彩等来引导人的行为，从而既能满足设计的功能要求，又能使人得到某种设计美的体验。引导与暗示的设计手段也是多种多样的，具体条件不同，手法也就不一样。常用的有以下几种：

图2-66　某酒店入口的过渡空间形式

①借助道路，暗示空间的存在：道路或楼梯往往容易引起人的注意，因为人们总是想知道那看不见的楼梯前方会是什么。借助这种心理，用楼梯或路面作为引导和暗示的物体来吸引人们，在建筑设计实践中屡见不鲜。商场里的电动扶梯、楼梯都能有效地把人流引向上层目的地（图2-67）。美国拉斯维加斯城市的街道上，常有一些电动的活动路面直通建筑内，在街上走着，你可以很方便地踏上活动路面，进入建筑内部。

图2-67　用电动扶梯来暗示后面空间的存在

②利用曲线型的墙面引导人流：曲线是逐渐自然地改变方向，形成流线型的线条。在空间的引导和暗示中，设计者也常常利用曲面的墙把人引向某一个目标，并且是以巧妙的、充满悬念的、不经意的方式，让人心甘情愿地按照设计的路线走。“曲径通幽”就是典型的利用曲线和曲面来组织空间线路的方式，是中国园林常用的手法之一。现在的一些展览会上也

常常以这种曲面转弯的方式进行路线方向自然变化的设计，以克服折面墙容易使人产生路到尽头之感的不足（图2-68）。

③利用空间的分隔，暗示另外空间的存在：在对一些空间进行分隔处理时，往往不是隔得很死，而是追求空间的整体性，分隔常常是象征性的，虚实相间的。这种空间一般比较连贯，有连续、运动的特点，能够使人一个空间接着一个空间，带着一种期待、探究的心理去欣赏。因此，这种空间往往要做到在一个空间里随时有某种信号，暗示下一个空间的存在。展览馆里常可见到此类设计（图2-69）。

④利用空间界面的处理产生引导性：这是充分利用室内空间装修时的处理来起到引导方向的作用。点、线、面的形式组织可以形成某种运动或方向感，尤其是线，具有较强的方向性。所以，在空间的界面上用点、线、面来表示方向，也是引导人流的手法之一。如观演类的空间，顶面常用线条指引方向，观众席上空无数的线条直向舞台集中，形成强烈的方向感。欢迎贵宾，人们常常铺设一条红地毯，形成方向引导，很自然地把客人引到目的空间（图2-70）。

5）空间的渗透与层次：空间与空间的关系往往是复杂的、多因素的。有些空间之间有着密切的联系，不能把它们截然分开，有些空间则相对独立和封闭，而更多的空间则是既有联系，又有功能的区分。因此，空间之间是分，是隔，是通，是透，是连，是断，一切都需要具体情况具体分析，不能一概而论。相邻空间的相互连通，即成空间之间的渗透，从而相互因借，增强空间的层次感。中国古代园林建筑中的“借景”就是一种典型的“空间渗透”（图2-71）。利用空间的“透”就可以把别处的景色“借”来我用，以此建立起你我空间之间的关系。“透”甚至可以把“你、我、他以及你们、我们、他们”都串联起来，这就大大增强了空间的层次和变化。相比较而言，中国传统建筑由于材料结构原因和观念因素，空间要相对空透些，而西方古典建筑大多是石材，结构受限，所以比较封闭，但是西方古典建筑采用柱廊式空间又把室内外空间联系起来。现代的新材料和新技术使大面积的墙面去除，从而使空间开敞成为可能。许多现代建筑采用大玻璃幕墙使得内外空间相互渗透，连成一体（图2-72）。新材料和技术的保证，“框架”结构的使用使得空间的分隔与

图2-70　利用线条等形成的方向，造成空间方向的引导

图2-68　用曲面墙引导人流

图2-69　空间的部分分隔，暗示后面空间的存在

图2-71　中国园林建筑的“借景”，产生空间渗透

围合可以随心所欲，利用柱子等结构造成虚面，扩大流通，或运用玻璃等材料制造视觉无隔离的透明隔断或墙面，也是制造空间渗透与流通的常用手段。宾馆共享空间是空间渗透与流通最典型的例子。

6）空间的秩序与节奏：空间的秩序就是把前面所介绍的各种空间处理方法综合起来运用的一种整体的空间关系设计。对空间的浏览必须是一个空间至另一个空间的运动过程，这个运动过程包含了两个内容：一是随着运动的空间变化，二是随着运动的时间变化。组织空间序列就是把空间的因素与时间的因素有机地结合起来。这样，可以使人不仅可以在静止的空间环境中获得良好的印象，更让人在运动的过程中去体验空间。在经过不断变化的欣赏过程后，最后能够使人感到空间统一有序，既协调一致又充满变化，既有起伏又有节奏和韵律。空间序列应该像一首交响乐曲，有起，有伏，有抑，有扬，有高潮，有低落，并且形成一种节奏和韵律，再加上主题，使得一首曲子可以催泪、悲伤、激愤、感慨，让人动情，让人沉浸。空间的序列设计也好比谱写交响乐曲，要有起有伏，有放有收，有轻有重，有序曲有尾声。要创造如此的效果，就是要综合地运用对比、重复、过渡、衔接、引导、暗示等手段，把个别的、独立的空间组织成为一个有秩序的、有变化的、统一而完整的空间整体。中国建筑史上就有这种经典的空间序列的设计，如故宫、苏州园林等（图2-73）。

图2-72　用玻璃围合，可以形成内外空间的相互渗透

图2-73　苏州园林有节奏的空间

图2-74　建筑实体围合形成空间

2.4　外部空间的设计

空间是与建筑密切相连的，建筑的基本目的是要获得内部空间，但同时也需要外部空间来提供我们生活另一方面的需要。城市空间就是由无数建筑及其他设施共同形成的外部空间。虽然我们大多数的生活时间是在室内度过，但是人们出行、散步、集会、休憩等活动也必须依存于外部空间。因此，外部空间设计的优劣同样影响到每个人的生活方便与否，以及对于空间的各种心理感受。

2.4.1　外部空间概述

（1）外部空间的概念

顾名思义，外部空间是指建筑的外空间，但也并不是建筑外的所有的自然空间都可以被认为是外部空间，准确地讲，建筑外部空间是指它是“由人创造的有目的的外部环境，是比自然环境更有意义的空间”。对于内外空间的界定，一般是以是否覆盖顶面为界。凡是有屋顶的称为内部空间，凡是没有屋顶的则称为外部空间。内部空间是由空间的界面围合而成，空间的形态是由围合的实体造型和组合方式所形成的。外部空间与建筑是阴阳、虚实、互余、互补、互逆的关系，建筑实体是外部空间形态的重要构成元素。

（2）外部空间的分类

外部空间一般有两种代表类型：一是用建筑实体围合而形成空间，特点是空间界限比较明确（图2-74）；二是独立建筑周围形成空间场，属空间包围建筑（图2-75）。围合所形成的空间被认为是封闭式的空间，空间包围建筑物的称之为开敞空间，封闭空间需要两幢建筑或者两幢以上

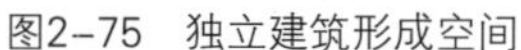
图2-75 独立建筑形成空间

图2-76 街道为线状空间

才能形成。当然，在实践中空间的形式并不是那么简单的两种，还有各种介乎于两者之间的各种空间形式。譬如，由建筑围合形成“面”状的空间，如广场空间，由建筑相对且平行排列形成的“线”状空间，如街道等（图2-76）。

（3）外部空间的构成要素

1）界面：外部空间的界面包括地面和侧界面两种，而没有顶面。地面是自然形成，最多只是在其上面做些材料的铺设而已；侧界面的主要要素是建筑，如城市空间基本是以建筑来组成和划分外部空间的。街道多是由两侧建筑相对排列而形成，它们决定街道的宽窄、长短等特点，广场由周边的建筑围合而成，庭院也是由矮墙或栏杆进行限定的（图2-77）。

2）设施：除了建筑作为空间界面以外，外部空间还有其他的一些要素共同参与空间的组成，如设施，它包括室外的家具、水体、小品、绿化、照明灯具等。如果空间只有建筑实体单独地构成空间，那必然会显得单调、乏味，由于家具、绿化、小品等的共同介入，才使得空间的变化感增加，这种变化可以从形体、色彩、质感等多方面得到充分的利用（图2-78）。

2.4.2 外部空间设计的内容与方法

由于外部空间是没有顶面的，所以对于空间平面的考虑和设计就显得尤为突出和重要了。它包含有空间布局、空间围合和序列组织等。

（1）外部空间的布局

外部空间的布局是设计的主要内容，它包括以下几个方面：

1）确定空间的大小和形状：空间的大小和形状首先受功能的制约，其次也受到人的心理和环境等其他因素的影响。所以，确定空间的大小和形状时，考虑的第一方面就是该空间的目的和用途。是独立住宅的庭院，还是广场？是小区的花园，还是学校的室外环境？不同性质的外部空间其功能要求等也是不一样的。独立住宅的庭院一般不宜太大，因为使用对象只是少数人，空间过大反而显得空旷、冷漠，缺少亲切感和人情味；而广场是公众活动的场所，人员集中，需要足够的面积来保证使用。但是即使是公共的广场，也同样要注意大小面积的心理因素，一般空间边长为20m的情况下，人们可以相互之间看清楚，容易有舒适和亲密感，边长达几十米甚至上百米就成了大型广场，产生广阔和威严感，但缺少人情味（图2-79）。街道空间和商业街的空间设计也需要注意空间的大小和形状（图2-80）。根据对人心理的调查和研究，人的愉快步行距离为300m，因此，步行街和商业街应以此为限，过长就容易产生疲劳感。在条件受限的情况下，也可以把长距离的街道分成多段，以各段的个性和变化来创造

图2-77 意大利某街道的空间

图2-78 设施和家具可以构成空间

多样的空间，以避免疲劳。形状的设计也是如此，过长而又一览无余的空间则缺乏情趣，而如果将街道设计成每隔一定距离就有一个转弯或者曲线等，使人的视线只能在几十米的范围内，人移景异，创造更有变化，耐人寻味的空间形式，这样街上的行人便能始终有趣味感和新鲜感。我国南方的一些古老城镇的街道就弯弯曲曲，变化多样，有极浓的人情趣味（图2-81）。

2）确定功能区域：外部空间与内部空间一样，也需要有空间功能区域的分布和设计。一个空间总是包含多种功能，因此需要根据不同的用途进行区域的划分，以确定其相应的领域。如公共广场空间，其中间必有交通的空间路线，有人的活动区域和休憩区域，同时要有明显的设置来将交通与人的活动区域隔开，以保证安全。人的运动区域又可以分为散步、游戏、表演等，这些区域要保证平坦、宽阔、无障碍。停滞区域供人们看报、观景、小憩、聊天等，这些区域需要有足够的座椅、绿化等。同时，休憩区域也常需要有一定的私密环境，以满足谈心、谈恋爱等一些比较亲密的活动需要（图2-82）。这些区域的设计，需要很好地分析和研究人的心理和行为特点，据此进行设计与构思。动与静、公共与个体、封闭与开敞、安静与热闹等不同性质的空间区域可以满足于不同的功能需要。

3）增强空间的亲合力：没有中心和亲合力的空间是分散的、乏味的空间，就像绘画没有构图中心，音乐没有乐曲的高潮一样，失去了轻重、主次、快慢等对比效果。因此，空间也应该有中心和场所，方向和路线，以及领域等诸要素。在空间顶的某个位置或道路的尽端等设置一些能够足以引起人们注意的设施和内容来吸引人，制造重点场所和景点，这样使人们在前进的路上有景物吸引，会使整个行走过程变得愉快和有意义了（图2-83）。

（2）外部空间的围合

外部空间的围合主要是由建筑和设施等来完成的，而通常情况下，建筑是已经存在的了，所以，对于外部空间是封闭还是开敞等的考虑主要集中于空间的隔断。

1）隔断的方式：隔断的构成方式不一样，会产生不同的封闭效果。如图A由于侧面几乎没有遮挡，所以它完全是敞开的，没有封闭的感觉；图B的四面皆有隔断，形成较强的封闭性；图C的封闭性则更加强烈，因为它的围合方式产生界面的连接性，更容易有空间的整体封闭感。不同的手段可以产生不同的空间特点，不同的功能用途也需使用不同的手段。譬如广场的设计，图D_1就不如图D_2的围合感强，D_2的空间归属感比较好（图2-84）。

图2-79　日本某公园的广场

图2-80　上海南京路步行街

图2-81　云南大理洋人街

图2-82　城市广场的休憩走廊

图2-83　上海南京路步行街的休息区域

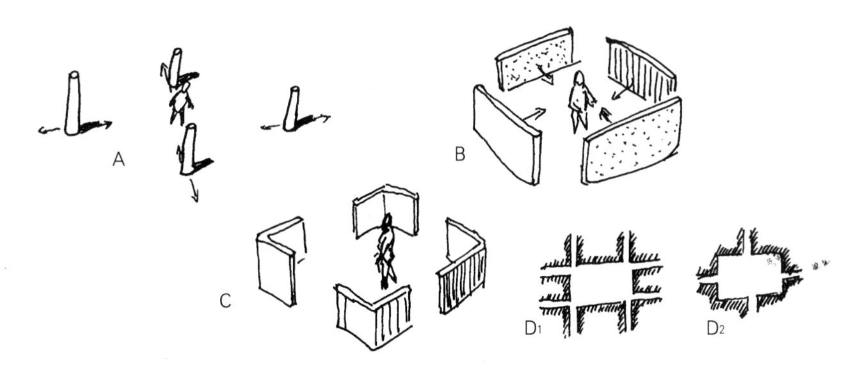

图2-84　空间围合示意图

2）隔断的高度：空间的封闭程度往往与隔断的高度有直接的关系，封闭感实质上是一种视觉感受，感受就必须要考虑人在空间环境中的眼睛与隔断等围合物体的高度关系。隔断在30cm高时，只有微弱的领域区别，空间没有多少封闭感；当达60cm高时，空间中的视觉依然很连贯，还没有太强的封闭感，但这个高度正好是座椅等放置，人依靠和休息的理想高度尺寸；当达120cm高时，已形成了相当的遮挡，身体的大部分已看不清，此时有了一定的隔断性质，不过在视觉上仍有连续性；当达150cm高时，除头部外大部分身体被挡住，封闭感也就产生；当达180cm高或以上时，视觉完全被遮挡，就有了很强的封闭性（图2-85）。

3）隔断的宽度：除了高度，隔断的宽度同样也对封闭感产生作用（图2-86）。很清楚地说明了隔断的宽度与人的感受之间的关系：当D/H比小于1时，有很强的封闭性，人会有压抑、局促感；当D/H比等于1时，比较舒适而有亲切感；当D/H比大于1时就会让人感觉开阔，但亲切感也随之消失，封闭性也就随之不存在。

（3）外部空间的序列组织

外部空间由不同功能区域等共同组成，人们在其中行进的方向、时间等因素决定了外部空间必须有一个顺序和层次的考虑和安排。

1）空间的顺序：安排空间顺序的方法是：根据功能来确定空间的领域，将它们按照一定的规律排列组织起来。空间的顺序安排大致应遵循以下几种路线：

室内→半室内→半室外→室外

封闭性→半封闭性→半开敞性→开敞性

私密性→半私密性→半公开性→公开性

安静的→较安静的→较嘈杂的→嘈杂的

静态的→较静态的→较动态的→动态的

图2-87表达了由外而内的空间顺序：外部空间A是宽敞的，栽有树木，地面质感亦较粗犷;过渡空间B则比A略小，而且使用了质感相对细腻的地面材料；空间C就全然是内部空间的感觉了。

2）空间的层次：空间的层次与其整体效果关系极大。一般来说，空间的设计要有近景、中景、远景之分和层次变化，否则，会缺乏含蓄与意味。空间的层次感一般是通过合理的设计，运用隔断、绿化、水体、高差等造成的心理感受。中国古代的园林建筑里有极好的例子，如苏州园林的空间面积并不大，但却"步移景异"、"柳暗花明"，空间层次感极为丰富（图2-88）。

（4）外部空间设计的技巧

除了用建筑和设施等围合形成外部空间之外，也可以利用一些小技巧来变化和优化外部空间的效果。

图2-85　适当的隔断高度可以遮挡部分视线，又能形成很强的空间区域

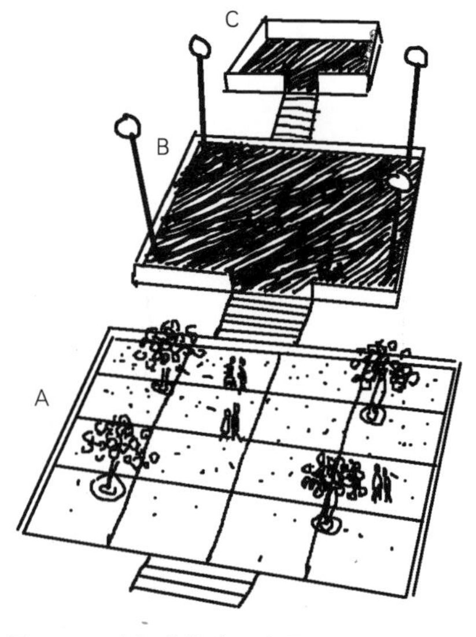

图2-87　空间的顺序示意图

图2-86　隔断宽度形成不同空间感受的示意图

图2-88　苏州园林的空间变化

图2-89　利用地面高度差造成空间的层次变化

图2-90　用地面材质的区别来造成道路和空间区域

1）利用地面高差：在外部空间设计中这种手法极为常见，它可以把实用功能和空间的视觉效果有效地结合起来。譬如，运动区域或者交通路线与休憩区域的划分，就可以采用高度差，几个台阶或者石坎，便既可以防止汽车等的入内，同时也形成了不同的空间领域感。当然，也可以利用地面的下凹，形成高度差，下沉地面的空间感较强，如果下沉有一定的高度，更能有向心和封闭的空间感受（图2-89）。

2）利用材料质感：在同一平面的地面上，也可以用色彩和材料质感的不同来形成空间的区域感，它是虚拟空间的手段之一。不同的材料质感可以给人以不同的视觉感受，不同材料的区域分布也就形成了不同的空间区域。这样的区域划分手段在外部空间中是极为常见的。因为，它既可以产生区域感，同时又不破坏空间的连续性。从使用功能上说，地面材质的区别，可以清楚地表示出车道、人行道、娱乐游玩区、休憩观赏区等不同的功能区域。可见，无论在功能还是在精神享受方面，利用材料质感进行区域划分都有积极的作用（图2-90）。

3）利用灯光照明：在夜晚，灯光形成明暗的各种变化，是制造不同的空间区域，或者调节空间环境气氛非常有效和实用的手段。因此，现代的城市环境愈来愈多地使用灯光手段，尤其是广场、步行街、商业街道、花园等各种空间环境都使用大量的灯光来渲染空间的环境气氛（图2-91）。

图2-91　日本东京的城市夜景

2.5　空间的调节

空间的调节，是指在原空间的大框架和基本形体不变的情况下所做的局部或者比较容易实施的改动。空间的设计犹如绘画一样，由整体到局部的完成后，最后总是有一个调节的阶段，在一些不尽人意的方面进行一些处理，以达到理想之境界。空间的调节是调整空间整体效果的一个常用的方法和步骤。空间调节与建筑装修不同，装修只是对空间界面表面的装饰和处理，而空间调节是对空间的尺度感、通透程度、层次变化以及使用者心理的各种反应因素做调整，具有很强的设计成分。掌握空间的调节方法对于创造有个性的空间极为重要。

2.5.1 空间调节的作用

由于地形、结构的制约和经济等方面的原因，空间设计有时并不是十分令人满意的。譬如，有的空间过于狭长或过高，失去亲切感，有的无法开窗，致使空间比较封闭，还有的空间高度基本符合使用功能要求，但是空间面积太大，造成空间感觉比较压抑，等等，这些都是空间设计基本完成之后可能遇到的问题。同时，室内设计工作往往是在建筑空间已经形成的条件下进行，但空间使用性质会随着某种原因而变动，今天的餐厅明天可能改成商场或娱乐场所，等等，这些都需要设计师对原空间的不合理处进行调整和设计，以改善空间的不良感觉。

（1）改善空间感

空间和空间感是两个不同的概念。空间是由各种界面所限定的范围，是客观的，而空间感是指人面对这个被限定空间的感受，带有主观的成分。形状和体量是空间样式的重要标志，同样体量和形状的空间由于空透程度不一样，色彩处理不一样，灯光、家具、设备等配置的不一样，给人造成的感受可能会完全不同。因此，在基本空间样式不变的情况下，运用空间调节的手段可以相当程度上改善空间的感受。譬如，一个过长的空间，会产生很强的方向和导向性，不适合像餐厅等需要相对向心、集中感受的空间，因此，可以采用隔断分隔空间，或者用材料质感、色彩等手法来将狭长的空间分段，以改善空间的感受（图2-92）。

（2）增加情趣

空间不仅要满足使用功能的需要，还要满足视觉的舒适和形式的美感，同时，空间还有性格和情趣等精神的表现。因此，设计师可以通过空间调节，以加强情趣，提高吸引力，使人对空间产生兴趣，能够在空间中得到享乐。此处所谓的情趣，就是空间的格调，是质朴、典雅或是富丽堂皇、温馨亲切等，只有具有格调和性格的空间才有吸引力，才能给人以某种心理上的陶冶。在空间的设计实践中，功能因素一般都能得到有效的考虑和解决，但就是缺少情趣。通过空间的调节就可以在这方面得以改善，譬如，利用陈设小品和绿化等的巧妙布置，以增加趣味（图2-93）。

图2-92　过长的空间可以用隔断分隔来调节

图2-93　绿化和小品等增加空间情趣

图2-94　隔断分隔空间

图2-95　绿化分隔空间

图2-96　结构的合理利用

图2-97　雕塑往往可以形成空间的中心

2.5.2　空间调节的手段

空间调节的手段是多种多样的，在设计实践中，人们也总结了许多规律，其常用的手段有：

（1）隔断和家具

用隔断和家具作为空间调节的手段是最为实用、灵活和有效的。隔断和家具都可以起到围合空间和分隔空间的作用，而同时又可以保持空间的连续性，在人的心理上产生不同的空间领域。在一些大面积的餐厅里，例如学校的食堂，往往是平均分布就餐座椅，无遮无挡，一览无余，毫无趣味。假若用矮隔断及花台等将空间隔成若干个小空间，周围有花台及植物、花卉等，高不过人，站着可以观察整个空间，坐下就餐可以有自己的小空间范围，便可造成良好的空间感受。这样的调节可以给空间增加趣味，改善空间感，也必定增加空间的使用效率（图2-94）。

（2）绿化和水体

绿化和水体不仅可以改善空间感，更可以在增加空间情趣、提高舒适度等方面发挥作用，是空间调节比较灵活有效的手段之一。绿化和水体较突出的特点是造型多为自然形体，与建筑中最常见的几何形体可以形成比较强烈的对比。空间中直线、矩形较多，偏生硬，而植物花卉或水体的柔性形体可以改善这种生硬感。如在墙角上放置一龟背竹，就可以打破墙角转折处直线条的生硬。绿化和水体可以创造强烈的自然氛围，满足现代人对于大自然的渴望，使得眼前的花卉植物给人带来愉悦和心理的满足。水在空间里可以有瀑布、小溪、池塘等形式，它与石或树木花草等的配合可以创造良好的环境气氛。宾馆大堂的休憩区用水渠分隔，加上鱼儿在水中的悠闲游动，更可以增加无数情趣（图2-95）。

（3）结构构件

在建筑空间中暴露的结构构件对空间效果会产生积极与消极两方面的作用，因势利导地对其加以巧妙的处理，会获得意想不到的效果（图2-96）。有些结构的形式本身很具有美感，如网架、悬挑结构等便很有形式感和现代感，这样的造型应该保留和利用，发挥它的长处。而有的结构在空间中却会造成一些不良感受，如一个面积不大的空间，中间恰恰有几根粗大的柱子，使视线受阻，显得空间比较压抑。为了避免这种不良的空间感，常用的处理方法是设法从感觉上减少柱子的体积和重量感，其中用镜面玻璃是非常有效的手段，因为镜面的反射可以大大减轻柱子的体量感，使空间相对空透些，或者将柱子包起来，做成造型，柱头结合照明，这样也可以改善空间感。

（4）陈设和小品

陈设品的种类很多，如装饰画、雕塑、工艺品、盆景以及织物、餐具、酒具等。小品是指标志、图表、指示牌以及果皮箱等。陈设与小品的体积不大，但在空间环境气氛的渲染中有时会起到不小的作用。如装饰画在墙面上可以打破墙面的单调，可以调节围合面的构图平衡，雕塑则可起到视觉中心，并以此来形成凝聚性质的中心空间的作用（图2-97）。

（5）色彩

由于色彩的变化可以使人产生各种不同的视觉印象，因此，可以利用色彩的某些特性来做空间的调节之用。色彩有近感色与远感色的差别，有暖色与冷色的区别，有收缩和膨胀的不同感受，对于空间的大小、封闭与

图2-98　色彩对于空间的气氛营造起着重要的作用

开敞等都可以起到一定的调节作用。譬如，一个空间的顶面过高，就可以用深色、近感色来使空间感减低，反之空间过低，则需要用远感色或浅色调来调整。因为色彩能较形体更直接地诉诸于情感，所以色彩对于空间气氛渲染的作用也非常大，空间的性格与环境气氛，欢快、冷漠、素雅、富丽、质朴、高贵等必定与色彩有着密切的关联（图2-98）。

（6）质地

不同的材料会产生不同的视觉感受，即质感，如细腻、粗糙、光滑、软硬等不同肌理效果。不同的质感同样也会造成人不同的心理印象，或冷或暖、或轻或重、或亲切或冷漠等。材料结合空间造型可以很好地调节空间效果：木材给人温和朴实的感觉，造成温馨和睦的空间环境，是理想的材料；花岗石大方，但偏冷漠，用在宾馆商场等公共空间里可以造成大度、彬彬有礼的环境气氛。用不同的材料质感来造成虚拟空间也是极为有效的方法，这种方法不需要做太大的装修，只需稍稍改变一下表面质感即可。譬如，铺设一块地毯就可以把这部分空间划分出来，或搭一木地台等都可以改变空间的效果（图2-99）。

图2-99　粗糙的石材给人以朴素、贴近自然的感受

（7）灯具

室内空间一般都离不开灯具，灯具除了提供照明外，它在空间中还可以参与空间的构成以及空间的调节。灯具本身的造型多具有装饰性，且造型丰富、品种多样，体量也有大有小，往往被作为空间中不可少的构成部件来考虑。如在向心的圆形空间中间设一水晶灯以使空间更加集中，更有凝聚力，也可以用吊灯放在适当的高度以调节空间的高度感，而用吸顶灯或嵌在顶篷里的筒灯则有利于改善过矮的空间感（图2-100）。

图2-100　吊灯常常可以起到使空间集中的作用

（8）照明

照明与灯具是两个不同的概念，灯具指照明的材料、造型，而照明着重的是灯具所提供的光及其所形成的光照效果。在空间构成中，光的要

素可以构成虚拟空间，可以改变空间的光亮和明暗，同一空间由于光的明暗和光的分布不同会形成不一样的空间效果。光对于空间的气氛营造同样有非常突出的作用，这就是为什么迪斯科舞厅旋转飞舞的灯光变化，一下就可以把人的情绪调动起来的原因。空间明亮可以使空间感觉宽大，而某些需要亲近，比较私密的空间则可以用局部照明的方式把空间集中在某一个范围，如酒吧、歌舞厅的卡座里常用此手段（图2-101）。

（9）图案

一般来说，图案花纹大的给人的距离感比较近，而图案花纹比较小的给人的距离感则远。因此，在空间的围合面做表面处理时，往往可以利用这一现象做空间感的调节。比较狭小的空间尽量避免用大的图案和花纹，而空间过于宽敞的可以用大花纹图案来缩短空间的距离（图2-102）。

（10）视错觉

人的视觉是对客观对象的反映，在通常情况下，视觉都能比较真实地反映对象，以利于人对周围的物体做出判断，采取必要的行动。但是，由于人的生理和心理的一些因素，人的视觉也会出现错误的判断，也就是产生视错觉。譬如，同样长短的线，水平线看着就要比垂直线长；同样面积的一个圆，深色的圆在浅色的背景下就比浅色的圆在深色背景下看起来要小等。这些都说明人的视错觉现象的存在，利用这种错觉往往也可以起到调节空间的作用。譬如，一个空间较矮，用垂直线的排列方式进行墙面的处理，可以增大空间的高度感，反之，空间较高，也可以用水平线的平行排列方式来减小空间的高度感。再如，把矩形的平面改成斜线构成的梯形，那么人在锐角一边，看景物有宽阔的感觉，犹如照像机的广角镜，反过来，景在锐角一边，景会感觉比较深远，有长焦镜的效果（图2-103）。

图2-101　照明可以渲染空间气氛

图2-102　空间顶面的图案化处理

图2-103　垂直柱子可以使空间增高，以此调整空间效果

3 环境色彩设计

在诸多的造型因素中，色彩是至关重要的因素，它与形体一样，是人们辨识物体时的依靠，色彩甚至比形体更直接，更强烈地诉诸于感觉。当一开阔田野里出现一个小红点，我们的眼睛就会立即捕捉到，尽管我们还没有看清这个红点是人，还是其他物体。舞台上，主角常穿着与其他人不同色彩的服装，从而使其地位突出。当我们走进一自选市场，往往首先映入眼帘的是那些包装鲜艳、明快的商品，也就是说，首先引起人注意的不是商品的形体，而是商品的色彩。生活中这种例子比比皆是，这说明当我们的视线投注于一个物体时，首先引起视觉反应的是色彩。

正因为色彩的重要性，所以在环境设计中，色彩设计的好坏，会直接影响到整个设计的质量。人们常说，这个房间富丽堂皇，这个房间很温馨、温暖，很宁静或很花哨等，造成这种视觉感受的主要因素之一便是色彩的作用（图3-1）。没有丰富的色彩变化，不可能有富丽堂皇的感觉，而没有统一协调的色彩，便不可能有素净的效果。色彩的表现力很强，环境设计的其他部分设计再好，如色彩搭配不协调，整个设计将失败；而环境设计中的某些缺陷却往往可以用色彩来进行适当的弥补，色彩作用于人的种种效果，可以被利用来合理地对设计进行调节。环境中的色彩不是简单的平面和静止不变的状态，是在三维空间条件下，受距离、光照等的变化影响，色彩也会随条件的改变而给人不同的视觉感受。譬如室外墙为蓝色，由于观察所处的距离、天气晴阴等因素变化，会呈现出从较纯的蓝到灰蓝的变化。另外，相同的颜色在不同的光色源的照耀下，色彩也会发生较大的变化，舞台上的色彩就是最为典型的。要对色彩有正确和全面的认识，必须要充分理解和掌握固有色和环境色的关系。色彩的设计是贯穿于设计始终，融入到每个部分的设计中的。对于色彩的研究，从它的原理到基本知识，到它的作用和效果，到如何科学合理地利用它，每一个部分都关系到设计的最终效果。从实践的角度上说，色彩是感性的，人对它的反应往往是直觉的，不需任何思考的，但是，作为对色彩的研究与运用，我们只有理性地、科学地把握它，才能真正地发挥它的最大作用。

图3-1　色彩对于空间的气氛有重要的作用

3.1 色彩性质简述

3.1.1 色彩的知觉与表情

（1）色彩的知觉

人的视觉就像一双无形的手，到处在寻找和搜索着目标与对象，一旦发现目标，会迅速做出反应，人类在进化过程中的长期实践，造就了视觉的这种本能性。物体的客观存在与人的视知觉有时并不是完全相同的，譬如同样大小的两个圆，一个是黑的，一个是白的，黑的就显得比白的小，这就是视知觉的差异。因此，研究视知觉的某些特殊现象，将使我们的设计更合理。

1）明暗适应与色适应：恐怕人人都有过这样的经验，当你从一个很暗的地方出来，突然到了一个光线强烈的场合，一下会感到光线刺眼，无法看清物体，必须要稍待片刻，才能适应。或者从一个明亮的地方突然进入黑暗处，同样会一下子无法看清物体，静呆一会儿，视觉才恢复正常。这两种现象我们分别称之为明适应与暗适应。造成这种现象是由于眼睛的工作重点从杆状细胞转到锥状细胞，或由锥状细胞转到杆状细胞的适应过程。

夜幕降临，你打开灯（白炽灯），会感到明显的偏橙黄色的光线，但过了一阵子后，你似乎再没感觉到它是偏橙黄色的了，就像它是白的一样。这是因为眼睛在白天适应日光后，突然转换到橙黄色灯光后感觉特别明显，随着时间的推移，眼睛慢慢适应了，因此，再不感觉那么明显了。这种现象叫做色适应。

无论是明适应、暗适应，还是色适应，都是我们在设计时必须考虑到的因素，不仅要避免其造成的不利影响，而且要利用这种现象创造更佳的视觉效果。

2）色彩的诱目性：各种不同的色彩，引起人注意的能力是不同的。譬如，红色引人注目，而同样大小位置的白色却并不引起注意。这种容易引人注意的性质叫做诱目性。实验表明，五种色光的诱目性从大到小依次是：红、蓝、黄、绿、白。

背景也是色彩是否醒目的一个重要原因。在黑色背景下，红色、黄色、橙色的诱目性顺序是：黄、橙、红；在白色背景下，则转变为：红、橙、黄；在普通情况下，红色的诱目性要稍大于黄与橙。这就是为什么人们常用红色来作为警告色彩，禁止通行，而用黄灯表示慢行，用绿灯表示通行的原因。

3）色彩的认识性（可读性）：人们的眼睛容易识别出色彩的性质称做认识性或可读性。背景色与色彩的识别性有极大的关系。一般情况下，背景色与色彩的明度差越大，识别性就越强。在高彩度色相上，如果是黑色背景，色彩识别性的强弱顺序为：黄、黄橙、黄绿、橙、蓝绿、蓝、蓝紫、紫，而在白色背景下，其顺序恰好相反。一般来说，冷色系的色可读性低，暖色系的色可读性高。属性差越大，可读性也越大。

4）色彩的进退感和膨胀收缩感：我们在看色彩时，会感到某些色彩是往前的，某些色彩是后缩的，这种现象叫做进退感，也就是我们通常所称的某种色为近感色，某些色为远感色。色彩的进退感最大的影响因素是色相，波长长的色彩，如红、橙、黄等，都具有扩大前伸的特性，波长短的则相反，如绿、蓝、紫等色，具有后退感。其次，色彩的明度对色彩的进退感也有一定的影响。一般情况下，明度高的靠前，明度低的靠后。

看起来靠前的色，并有膨胀扩大的感觉，后退的色具有收缩的感觉，这也就是色彩的膨胀收缩感。从彩度上看，彩度高的，无论波长长短，扩张力都较大，尤以暖色为强，彩度低而浊的色有缩小感。另外，有彩色要比无彩色倾向于扩张。从明度上看，明度高的色倾向于膨胀，明度低的、暗黑的倾向于收缩。从色相上看，红、橙色等趋于扩张，蓝、紫色趋于收缩。

在设计中，常可以利用色彩的进退感与收缩膨胀现象对室内的某些环境进行调整。如墙面用冷色系，墙面向后退，加大深度，看起来似乎更开阔；过大的物体可用收缩色，要突出加大某部分物体，可用暖色系列，用明度高的色彩等。

（2）色彩的表情

所谓色彩的表情就是色彩通过某种面貌给人一定的感受和联想。

1）色彩的轻重感：轻重感的产生也是以以往的生活经验作为基础的。如，现实生活中白色的云飘浮在天空，感觉是轻的，棉花是白的，也给人轻的感觉，而黑色的钢铁很重，于是人们便感受到黑色的东西较重。虽然，轻重感的产生原因各有说法，但我们必须清楚，色彩轻重感的存在是客观的。色彩的轻重感主要取决于其明度，明度高的感觉轻，明度低的则感觉重；如果其他条件相同时，色相的暖色系列略轻，冷色系列略重；从彩度上看，彩度高的偏轻，彩度低的偏重（图3–2）。

2）色彩的冷暖感：色彩的冷暖感是人们比较熟悉的一种色彩表情现象。人们一般认为：红色为暖，有似火的感觉；蓝色为冷，有似冷水的感觉；紫色为中性色。冷色偏静，舒适；暖色刺激较强，热烈，易使人兴奋。

色相上的冷暖排列顺序为：红、橙、黄、黄绿、绿、蓝绿、蓝、蓝紫、紫、红紫。从红最暖开始，逐渐变冷到蓝以后又逐渐回暖。色彩的冷暖关系是相对的，紫色在红色对比下偏冷，在蓝色对比下偏暖，黑色与白色相比，黑较暖，白偏冷。

色彩的冷暖感还与明度有一定的关系。明度高的白色具有凉爽感，含黑的暗色具有温暖感；在暖色中，彩度高的具有温暖感，而相反，在冷色中，彩度越高，反而越具凉爽感（图3–3）。

色彩的冷暖感还与物体的表面光滑程度有关。表面越光滑，越偏冷；表面越粗糙，则越偏暖（图3–4）。

设计人员对色彩的冷暖感必须极为敏感，这对于搞好环境艺术设计具有非常重要的作用。

3）色彩的华丽和朴素感：色彩的华丽和朴素是由色彩的搭配和组合

图3–2　浅色调的空间给人轻松的感觉

图3–3　冷色调的空间感觉凉爽和理性

图3–4　粗糙的材料质地也可以影响温度感

图3–5　统一灰色的调子造成朴素、高雅的感觉

图3-6　明快的色彩给人热烈和兴奋感

而造成的感觉。但是，单个的色彩在一定的程度上也有造成华丽和朴素感的作用。一般来说，彩度高的色彩较华丽，彩度低则较朴素；在明度上，明亮的偏华丽，暗色较为朴素。因此，色彩的搭配组合上，如多用色相差大、纯度高、明亮的色彩容易有华丽、响亮的感觉，相反，用色相差小、纯度低、较暗的色彩容易形成朴素感（图3-5）。

图3-7　某医院的空间色彩

4）色彩的兴奋与沉静感、活泼与忧郁感：色相中的红、橙、黄暖色系列给人以刺激感，造成兴奋，所以也叫兴奋色；蓝绿、蓝色造成沉静感，故叫沉静色；绿和紫是中性色。白和黑以及彩度高的色彩常给人紧张的感觉，而灰色和彩度低的色彩常给人舒适感。这些不同的色彩所造成的兴奋或沉静感，可以很好地为我们不同的空间和环境需要服务。在某些需要情绪激烈的场合，如舞厅及一些娱乐场所、体育场所，可以用偏暖色系列（图3-6）；而在需要安静、休息的环境，则适宜用蓝等冷色系列，如医院、卧室等（图3-7）。

色彩的活泼与兴奋色有一定的关系。一般情况下，红、橙、黄色容易使人活泼，明度高的色彩也易使人开朗、活泼；而蓝和绿以及某些冷色容易使人情绪变得忧郁，明度低的色彩也是造成情绪低落的原因。黑色是忧郁的，灰色是中性的。

5）色彩的疲劳感：通常情况下，较艳、纯度高、刺激性强的色彩，容易使人疲劳。因此，暖色较冷色易使人疲劳。色彩变化过多，明度高，色彩对比大的组合，也容易使人眼睛疲劳。反之，色彩单一，对比小，则不易使人疲劳。这也是我们在设计色彩时需要注意的，如图书馆等，除大面积墙面可采用一些浅绿，或偏冷灰的色，还可以在一些部位，如窗、门等部位用绿色来使眼睛恢复疲劳（图3-8）。

图3-8　灰绿色调可以使眼睛消除疲劳

（3）色彩的对比效应

色彩的各种视觉效果都不是绝对的，在不同的环境下会产生不同的效果，同是红色，在蓝的背景对比下与在黄色背景对比下会产生不同的色彩感觉，也就是说，一定的色彩效果是依靠某种对比关系而成立的。这种对比产生的结果与人的生理与心理都有较大的关系。研究色彩的对比将有助于我们了解和正确运用色彩。色彩的对比可分为两种情况，即连续对比和同时对比：

1）色彩的连续对比：当你的眼睛注视一个颜色甲后又转到另一个颜色乙，那么，在颜色乙中就会带有颜色甲的补色，这种现象叫做补色残像。譬如，在看到蓝绿色块后，再看一张白纸，白纸上就会有红色。眼睛在看一种颜色时，受这种颜色的刺激，产生补色感应，即使在视线离开这个对象时，依然会在短时间内保持这种残像，因此，当你看第二种色时，这种残像就与第二种色产生中和。所以，当先看红，后看紫，则紫色受红色的补色的影响而带蓝味紫。同样，先看紫，再看红，则红色受紫色的补色的影响而成为带橙味的红。因此，看色彩的对比色，即看一个色彩后再看它的对比色，那么，由于补色残像作用，色彩的对比会更加强烈，红与绿，紫与橙等，相互间的对比特别强烈。彩度低的色影响要比彩度高的影响小。

2）色彩的同时对比：色彩的同时对比是指两种色彩并置时产生的对比。一种色彩同时受到周围其他色彩的影响而产生异象，即称为同时对比。譬如，一条绿色的黄瓜放在红色茶盘上，你就会觉得黄瓜的青绿色比没放在茶盘上的绿色更新鲜，这就是同时对比作用。色彩的同时对比有色相对比、明度对比、彩度对比三种情况：

①色相对比：当原色与原色，间色与间色进行色相对比时，色相远离，互相排斥，色相在色环上产生向相反方向远离的趋势。如红与蓝并列，红倾向于橙，蓝倾向于绿。原色与原色对比，则一色的色相向另一色的心理补色方向偏移。如黄调橙的图形放在红色背景上，由于红色的心理补色是蓝绿色，通过对比使黄调橙向蓝绿方向偏移。在色环中顺时针移动，所以使黄橙色更黄（图3-9）。

②明度对比：明度对比包括同色相不同明度的对比以及不同色相同明度的对比。明度对比结果为明者更明，暗者更暗，使相互间明度上互相分离，如明度相差大，对比就大，明度相差小，对比就小（图3-10）。

③彩度对比：不同彩度的色对比，彩度差异加大，彩度高的更高，彩度低的更低（图3-11）。

需要引起注意的是，色彩所占面积的大小会影响色彩的视觉效果，同一色，它的面积大时比面积小时明度和彩度要高。反之，色彩的大小面积相同，而彩度和明度不同，那么彩度高、明度高的色彩面积看起来要比明度低、彩度低的色彩大些。

色彩是纯色相对，每一种纯色的明度都有所不同，色彩之间的面积均衡可以通过明度大小与面积大小的调整而得到。欲达到色彩之间的平衡，则面积与明度成反比例。如黄与紫，黄色的明度是紫色的三倍，所以黄色的面积只用紫色面积的1/3即可达到均衡的效果。以下是一个不同色相的明度值列表，色彩设计时可参考表Ⅱ：

表Ⅱ　纯色色相明度比较

色相	黄	橙	红	紫	蓝	蓝绿
明度对比	9	8	6	3	4	6

（4）色彩的共感性

人的视觉、听觉、味觉、嗅觉、触觉等，并不是孤立地起作用的，而往往是由一种感觉的刺激引起其他感觉的共鸣，如看到红色，人们会感到温暖，看到蓝色会感到凉爽。但人的任一感觉受到刺激后，立即引起的直接反应，称为第一次感觉，除第一次感觉以外的其他感觉系统的反应，称

图3-9　补色对比的空间

图3-10　黑白两色形成明度对比

图3-11　灰色与红色具有强烈的对比效果

图3-12　某CD封面的设计

为第一次感觉的共鸣。因此，第一次感觉亦称主导性感觉，第二次感觉称伴随性感觉。伴随性感觉又叫共鸣，或共感觉。共感觉可以是视觉的、听觉的、触觉的、嗅觉的等。

由视觉引导的主导性感觉可以引起各种不同的共感觉。尽管这些感觉系统并不与视觉对象发生直接作用，但是仍可通过视觉，由人的各种综合生活经验等造成反应。譬如，我们经常评论某一个色彩调子很“安静”，某一个调子很“喧闹”，显然“安静”与“喧闹”属于听觉范围。也许视觉与听觉中间存在着某种共性，所以这种比拟会恰如其分。除了声音，视觉还会引起其他感觉，如味觉、嗅觉等。色相对味觉的象征性可以看出色彩对味觉的影响：黄色表示甘甜，红橙色具有苦、辣、咸的感觉，青绿色具有酸的味道，紫色表示腐败了的食物，白色意味着清淡，黑色则表示浓或咸的食物。色彩与嗅觉也是如此：看到白色的栀子花，会引起花香的感受，闻到花香会想起花的色彩。

以上的这种共感现象对我们的设计工作是很重要的。无论是建筑环境、室内环境还是包装装潢、广告宣传上，都需要充分了解和全面掌握色彩的共感性。因为，人们在一下不能了解某一种感觉时，会自然地借助其他感觉来进行联想。譬如，在一堆无数盘音乐CD片里，要挑出一盘较柔和宁静的音乐时，事先并不知道各自的内容，也不通过文字介绍，大多数人会自然地挑选一些绿色调和蓝色调的封面（图3-12）。同理，人们在自选商场也往往是凭着视觉对色彩的共感性去直觉地选取某些食品的。

3.1.2 色彩的记忆、联想、爱憎与象征

色彩通过人的视觉接收系统作用于人，造成生理及心理上的一系列反应。色彩的记忆，色彩的联想，色彩的爱憎，色彩的象征等都是人类在生活经验的基础上所具有的对色彩的主动性把握。

（1）色彩的记忆

色彩记忆是一个复杂的科学问题，而今已有越来越多的人在关注和研究这个问题，其中，用一些大家所熟悉的，同时也具有明显色彩特征的物体来命名色彩是一种有效的办法。以下分别是以矿物、植物、动物等来命名色彩的例子：

1）以矿物命名的色彩如：钛白、金色、银色、黄铜色、古铜色、铁灰色、石青色、朱砂、翡翠色等。

2）以植物命名的色彩如：草绿色、葡萄紫、橄榄绿、橘黄色、桃红色、茶色、苹果绿等。

3）以动物命名的色彩如：孔雀蓝、象牙白、银鼠灰、猩猩红等。

4）以其他名称命名的色彩如：唐三彩、土黄色、天蓝色、海蓝色、月白色等。

从上面可以看出，这种用某种具体的事物来命名特定色彩的做法，把色彩性质与人们对某种东西形成的色彩抽象记忆联系起来，使人看到某种东西就想起某种色彩，这是使人印象明确，记忆方便的有效方法。

（2）色彩的联想

前面的章节曾讲过色彩的表情，但准确地说，色彩本身是没有表情和感情的，其实质是人们观察色彩后引起的事物联想，借助色感经验，通过色的相貌和表面特征，又赋予其人的感情，从而形成不同的心理效果。

对春、夏、秋、冬的色彩表现最能说明人们是如何通过联想来完成特征表现的。人们对春天的色彩表现通常是黄绿、黄、粉红、淡紫等，因为春天的到来都是伴着嫩枝发芽、花卉开放的，这时候最具有代表性的自然色彩就是黄、黄绿、粉红、淡紫等。而夏天则是万木茂盛，最火热的季节，它的典型色彩是大绿、大红等，因此人们用大红、大绿、艳蓝、清紫色等代表夏天。秋天的到来是意味着丰收的阶段，因此，金黄色是其典型的色彩特点。白雪是冬天最有象征意义的色彩，因此，白、黑以及冷色系的灰蓝、灰紫等低彩度色都是冬天的最好表现。

色彩的联想是与每个人的过去经验、知识、记忆以及现实环境有很大关系的。这种联想可能是某种具体事物的记忆，譬如，想到枫叶就是金黄色，想到橘子就是橙色，想到天空就是蓝色，等等。色彩联想也可能是某种事物的抽象记忆的对照物，如，纯洁是白色的，热情、暴力是红色的，悲哀、死亡是黑色的，等等。人们对事物的联想有共同性、普遍性，也会因人的生活经历不同，文化修养不同，而有一定的差异性、特殊性。

（3）色彩的爱憎

色彩的爱憎也是一个极为复杂的心理学问题。这种对于色彩的爱好与嫌恶是由于民族的、历史的、生活环境的以及个人的年龄、性别、性格、所受教育等因素造成的。世界上各国各民族都有自己的色彩爱好，这其中与各个民族所处的地理环境、历史文化、宗教信仰等有相当大的关系。譬如，中华民族较崇尚的颜色有红、黄、青、白，红色象征爱国、革命、活力，黄色是中国的传统高贵色。非洲各民族生活在热带环境，因此，他们所喜爱的色彩是极为鲜艳的大红、大黄、蓝、黑等对比强烈的色彩及其组合。一个人对色彩的喜好，也会随着年龄的增长而变化。一般来说，儿童喜爱的颜色偏鲜艳、响亮、明快，到中青年后会趋于爱好偏灰色。性别的不同也同样会对色彩的偏爱产生影响，在设计不同性别人的使用空间时应有所体现。性格和文化教育的因素更会造成对色彩喜好的差异。许多性格内向的人喜爱色彩偏冷、偏灰，而外向的人喜爱明快、纯度高的色彩，受教育多的人有喜爱间色和复色的倾向。当然，上面所说的这些都不是绝对的，在不同的时间，不同的环境下也有变化的可能。应该在设计色彩时，分析众多因素中的色彩爱憎因素，只有这样才能更合理地做出色彩的设计。

（4）色彩的象征

色彩的象征就是以某种色彩表示了某种特定的内容，或者代表一定的意义。象征的产生源于人们长期对于一种事物的色彩联想和记忆，久而久之，它便成为一种固定的表示一个具体事物，甚至其抽象概念的方式。譬如：

1）红色是火与血的颜色，也是人激动、兴奋后面色的色彩倾向。因此，人们通过红色联想流血、械斗以及热情、激动等，发展到抽象概念即成为革命、奔放、爱国热情、喜庆等的意思，同时也有暴力的象征意义。

2）黄色使人联想到阳光，它的明度很高，给人以光明、辉煌、灿烂、活跃、轻快、纯净的感受，象征着希望、快活和智慧。黄色也给人以崇高、华贵、威严、神秘等超然物外的感受，因此也是历代帝王贵族的专用色。古代罗马把它当做高贵色，而基督教却把它视为犹大的服色，为厌恶色。

3）橙色是红与黄的结合色，它既有红色的热情和诚挚的性格，又有黄色光明、活泼的特性，既温暖又明亮，是人们普遍喜爱的色彩。橙色又有丰收的意味，有明亮、华丽、健康、向上、兴奋、温暖、愉快和辉煌的感受。

4）绿色是象征生命的色，是自然中的草地、树木的颜色，充满生机与活力。绿色给人以和平、宁静、休息和安慰的感受。绿色也是未成熟的象征，因此，在西方，绿色意味着工作经验少，称这样的人为“嫩手”。绿色也象征安全。

5）蓝色为幸福色，表示希望、高洁、沉静。在西方，蓝色被看做贵族色，是身份高贵的表示。同时，蓝色是蓝天和海洋的色，它又象征着神秘莫测，是现代科学探索的领地，是科学的象征色。蓝色也意味着悲伤和冷酷，“蓝色的音乐”即“悲伤的音乐”。

6）紫色是高贵、庄重、优雅的色，也是具有女性化的色彩，它象征着美好、兴奋、幽雅。在日本，紫色的衣服被视为高等级的衣服。在古希腊，紫色是国王的服装色。紫色与夜空和阴影有联系，所以有一定的神秘感，也容易有忧郁感。

7）白色是纯洁和神圣的色。在欧美，白色是结婚礼服的色，表示爱情的纯洁和坚贞。在中国，白色有两重意义：有吉祥和神圣的意义，如白象、白牛等；也有死亡的意思，如办丧事穿白衣服表示缅怀和哀悼。白色的明度最高，因此它也具有干净、坦率、朴素、纯洁等象征意义。

8）黑色是二重性的色。它具有庄重、严肃、坚毅、沉思、安静的感觉，也有恐怖、忧伤、消极、不幸、绝望和死亡的意义。黑色还有捉摸不定、阴谋的感受。黑色也象征权利和威严。

9）灰色具有黑、白二色的特点，具有安静、柔和、质朴、大方的意义。

10）金银色也称光泽色，具金属感，质感坚实，表面光亮，给人以辉煌、高雅、华丽的感受。

3.1.3 色彩的匹配与协调

（1）色彩的匹配（配色）

1）配色的目的和意义：两个或两个以上的色彩放置在一起，就存在着色彩的匹配问题。有些颜色组合很悦目，有意义，而有些颜色组合很不舒服，令人难受。所以，色彩的配置合适与否，是衡量整个空间环境设计好坏的一个重要部分。色彩的配色，或称色彩的设计，必须从整体环境角度来考虑，色彩设计得好，可以优化空间环境，若处理不好，则会影响整体效果。色彩的悦目，或者说色彩的美感，并不是色彩设计的全部或唯一的目标，而只是目标的一个部分。我们需要色彩具有美感，使我们的视觉舒适，但是，根据不同的环境，往往会有更深的色彩意义和要求，因此，色彩首先要符合使用功能，要适应心理需要，体现它的文化性和艺术性。

2）配色的方法分类：色彩的配色可以按以下三个方式来进行：色彩的三属性分类、色彩的感觉分类、语言性（心理范畴）分类。

①按色彩的三属性分类：又包括按色相配色，按色相环角度配色，按明度为主配色及按彩度为主配色。

按色相配色主要体现为：用红、橙、黄、绿、蓝、紫等色相环中之一色做主调色，与其他色匹配；用黑、白、灰、金、银等之一色做主调色，与色相环中的其他色相匹配；用色相环上的色做主调色与无彩色的灰、白、黑、金、银色匹配；用白、灰、黑、金、银等之一做主调色，彼此相匹配。

按色相环角度配色主要体现为：任一单一色相内的纯色、清色、暗色、浊色配色；同一色系间色彩配色，即间隔36° 内的色配色；类似色系色彩配色，即间隔36° ～72° 内的配色；对比色或异色系色彩配色，即间隔150° 的配色；补色系色彩配色。

按明度为主配色主要体现为：以明度为主配色有以彩色为主与以无彩色为主两类。有彩色为主又可再分为高明度、中明度、低明度三项，无彩色也可以分为高明度、中明度、低明度。六类之间可以任意组合配色，形成众多的类型。

按彩度为主配色主要体现为：彩度可以分高彩度、中彩度、低彩度三类。其中任一类可以和由自己类型之间以及与其他类型进行组合配色；如高彩度可以组成高彩度色之间的配色，以及高彩度色与中彩度或低彩度色之间的配色。中、低彩度类型也可以按此类推。

②按色彩的感觉分类：按色彩的感觉分类大致可以有暖色、冷色、中性色三类。其中任一类型可以形成类型之间以及与其他类型相配色。如，暖色类可以形成暖色系色之间配色，以及暖色系与冷色系或中性色系之间的配色。冷色系及中性色系也可以以此类推（图3-13至图3-15）。

③按语言性（心理范畴）分类：按语言性的方法去配色也是一种实用的方式。尽管语意对色彩的描述比较抽象，但一般人（非专业人员）更多的是从对色彩的抽象理解，用语言去想象色彩的。这样抽象的语言，不像具体的色彩名称那么便于理解，但是我们只要对语意做较深的理解，凭借专业的色彩知识和经验，是完全可以正确把握的，完全可以把这种抽象的概念转化为色彩视觉语言。语意性配色常用的一些类型如：高贵、舒适、纯美、幽默、忧郁、快乐、庄重、权威、崇高、神秘、恐怖、优美、柔弱、妖艳、悲壮，等等（图3-16至图3-18）。

（2）色彩的协调

环境是综合了形态、色彩和材质等构成的，这些因素都可以诉诸于视觉，产生美感，但是色彩是最快速、最直接作用于视觉的。在我们不经心地观看周围时，首先到达视觉的是色彩。因此，有人评价说，色彩是感性

图3-13 暖色系列空间

图3-14 冷色系列空间

图3-15 中性色系列空间

图3-16 高贵典雅的色彩空间

图3-17 忧郁而带神秘的色彩空间

图3-18 明快而舒适的色彩空间

图3-19　色彩的对比必须建立在统一的基础上

图3-20　单一色相为基础的空间

图3-21　类似色相的空间

图3-22　对比色相的空间

的，而形态是理性的。同样形态和材质的空间，因为色彩的不同可以形成差别极大的感受和气氛。因此，色彩的设计对于环境设计来说是至关重要的。如何满足不同的功能需要，创造某种气氛，产生某种效果，这就是我们所研究的内容。色彩配色的基本要求和必要条件是协调。在协调的基础上，根据需要创造出不同的配色关系，如调和的协调、对比的协调，等等。可见，色彩的配色原则也是艺术的基本法则，即统一与对比，在统一的基础上寻求对比，寻求变化（图3-19）。

1）单一色相的协调：也就是用同一种色相的颜色，只是用不同的明度或彩度来取得变化。这种协调方法简单、有效，会产生朴素、淡雅的效果，常用于高雅、庄重的空间环境。这种色彩的处理可以有效地实现空间内部一体化，可以中和、调整、统一形态过于杂乱和陈设繁杂的空间，使形态、材质方面差异过大的缺陷通过色彩趋于统一。同样，单一色相有时过于单调，缺少变化，也可以通过形态和材质方面做较大的变化来进行调整。譬如，花岗石硬质材料的地面，可以用较粗面料的沙发强调质感变化（图3-20）。

2）类似色相的协调：类似色是指色环上比较接近的色，是除对比色之外的色，如红与橙，橙与黄，黄与绿，绿与青等。他们之间有着共同的色素，如红与橙都含有红，橙与黄都含有黄等，因此是比较容易统一的。在许多情况下，如果有两种颜色不协调，只要在这种颜色里另外加进同一种颜色，就容易协调了。与单一色相相比，类似色就多了些色彩变化，可以形成较丰富的色彩层次。譬如，某些宾馆的休息厅，用绿色做背景，黄绿或黄色做重点色，天棚和墙面为浅绿色，地面为暗绿色，再配以黄色茶几，草绿色（黄绿色）椅垫，使休息厅清新而又宁静。

类似色配色，若仍嫌过于朴素、单调，也可以在局部上用小面积的对比色相、明度、彩度来调整，增加变化（图3-21）。

3）对比色的协调：这里所指的对比色是色环上介于类似色到补色之间的色相阶段，如红、黄、蓝或橙、绿、紫这样的色彩配色。这样的搭配在色环上呈三角形。对比色可以表现出色彩的丰富性，但是需要注意的是色彩的统一。一般经验是要有一个基调色，用一个色为基本色彩，然后在较小的面积上用其他对比色配置，也可以用一种色彩降低其彩度或明度，形成基调，然后再配以对比色，这也是一个非常有效的经验。在色彩的彩度上不要同时用同一彩度，宜用不同的彩度产生变化，这样更易于协调、悦目，对比色的采用由于色阶较宽，变化就多，也更丰富、生动、活泼（图3-22）。

4）补色的协调：补色是色环上相对立的色，如红与绿，橙与青，黄与紫等，这是性质完全不同的对比关系。因此，非常强烈、突出，运用得好，会极有表现力和动感。由于补色具有醒目、强烈、刺激的特点，所以在室内环境中多用于某些需要气氛活泼、欢快的环境里，如某些迪斯科舞厅等，或者某些需要突出的部位和重点的部分，如门头或标志部分等。补色协调的关键在于面积的大小以及明度、彩度的调整。一般来说，要避免在面积、明度及彩度上的均同，因为这样势必造成分量上的势均力敌，无主次之分，失去协调感。掌握补色协调的要领是，主次明确，疏密相间，中间色调和。主次明确是要有基调，如万绿丛中一点红，绿为主，红为点缀，这样有主有次，对比强烈，效果突出，如果是红一半，绿一半，

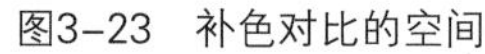

图3-23 补色对比的空间

图3-24 墙面与顶的无彩色可以很好地衬托家具等的色彩

那么必然分不清主次。当然，真的是红的一半，绿的一半，可以采用疏密相间的办法，把红的一半面积分散成小块面积，绿的同样，然后相互穿插组合，那又是另一种视觉效果。可见，尽管实际面积没变，但组合方式变了，结果又不一样了。补色之间有时还可以利用中间色，如金、银、白等来勾图案或图形的边，这样可以起到缓冲对比过于强烈的作用（图3-23）。

5）无彩色与有彩色及光泽色配色：无彩色系由黑、白、灰组成。在室内设计里，也可以把某些带有些微有色色相的高明度色看做无彩色系列，如米色、高明度淡黄色等。由无彩色构成的室内环境可以非常素雅、高洁和平静。白与黑也是中和、协调作用极强的色彩。譬如，某些家具色彩组合过于繁杂，可以用白色墙面或灰色墙面做背景予以中和（图3-24）。

无彩色与有彩色的协调也是比较容易的。用无彩色系做大面积基调，配以有彩色系做重点突出或点缀。这样可以形成对比，避免无彩色的过分沉寂、平静，也可以免于浓重色彩造成的喧闹。无彩色具有很大的灵活性、适应性，因此，在室内环境设计中被大量应用（图3-25）。

有光泽的金色、银色也属于中间色，也可以起缓冲，调节作用，有极强的协调和适应性。金色无论与什么色配合都可以起到协调效果。金、银色用得多，可以形成富丽堂皇的感觉，体现某种高贵，但如果运用过滥，易造成庸俗的感觉。因此，如不是需要体现一定的华丽辉煌的气氛时，也应慎重运用金色、银色，尤其是金色的运用要慎之又慎。

总之，色彩的配合并不是简单一加一等于二的数学公式。严格来说，它是无规定公式可循的，具体的环境要具体地分析才能确定。上述所谓的配色方法只是一个理性认识，是抽象理解的一般性知识。它只能帮助我们在实践中去加深理解，敏锐我们的色彩感觉和感受，但绝不是一个科学配方，可以到处套用。设计师需要的是敏锐的观察力和独特的表现力，规律和方法则有助于培养和强化我们的能力。相反，如果被动地依靠这些规律方法，只会削弱降低我们的观察力和表现力，流于平庸。

图3-25 某家庭内部的色彩配置关系

3.2 环境色彩设计的基本原则

色彩设计如同环境设计的其他部分设计一样，要首先服从使用功能的需要，在这个前提下，还必须做到形式美，发挥材料特性，满足人们的各种心理需要，考虑民族文化因素等。

（1）服从使用功能的要求

由于色彩能从生理、心理方面对人产生直接或间接的作用，从而影响人的工作、学习、生活。因此，在色彩设计时，应该充分考虑空间环境的性质、使用功能、要求等。

图3-26　商场等背景色彩宜素净些，有利于商品的突出

譬如，学校的教室通常宜用黑色或深绿色的黑板，青绿、浅黄色的墙面，不要有过多的装饰和色彩。这样有利于保护儿童和学生们的视力，同时也有利于学生们注意力的集中，保证教室里明快、活泼的气氛。而过去传统教室里多采用白墙与黑色黑板，对比过于强烈，这样容易使眼睛疲劳，所以应该适当调整。

商场、商店，尤其是自选商场，由于商品种类繁多，颜色也极其丰富。所以，为了吸引顾客，作为背景色的墙面以及货柜架等应尽量简单、素净些，这样便于突出商品（图3-26）。

图3-27　某美术馆的空间色彩

副食品商店的鲜肉部的室内墙，不宜用红或偏红的色彩，因为色彩的对比与补色残像作用，红色会产生绿色补色，使鲜肉看起来不新鲜。相反，若用浅绿色墙面，这样的对比可以使鲜肉看起来更新鲜红润。

展览馆、陈列室等，对于保证展品的视觉真实性很重要。因此，一般来说，展馆的墙面等适宜用无彩色系，如灰色等（图3-27）。

餐厅的色彩一般宜用干净、明快的色，常以乳白，淡黄为主调，橙色等暖色可以刺激食欲，也常常用于餐厅与酒吧（图3-28）。

图3-28　偏暖的黄色或橙色可以刺激食欲

住宅中的起居室是家庭团聚和接待客人的地方，色彩的使用要创造一个亲切、和睦、舒适的环境，因此多用浅黄、浅绿等色彩。卧室主要供人休息，用白色或淡黄等色创造一个安静的气氛，有利于休息（图3-29）。

考虑功能要求也不能只从概念出发，而应该根据具体情况做具体分析。一般可以从三个方面去做一些具体的分析和考虑：分析空间和用途，分析人们在色彩环境中的感知过程，分析变化因素。

分析空间性质和用途，不是只做概念的理解。比如，以往传统的色彩概念就认为，似乎医院就应该是清洁、干净、以白为主的，而现代的科学证实，人们经常生活在白色的环境中，对人们的心理、生理是不利的，容易造成精神紧张，视力疲劳，并且会联想疾病和死亡，使人的心情不愉快。所以，对于手术室采用灰绿色——红色的补色，可以使医生的视力尽快得到恢复。医院病房的色彩设计，对于不同科别，不同年龄患者应该有所区别。如老年人的病房宜采用柔和的浅橙色或咖啡色等，避免大红、大绿等刺激色彩；外伤病人和青少年病房宜用浅黄色和淡绿色，这种冷色调有利于减少病人的冲动，抑制烦燥痛苦的心情；儿童的病房应采用鲜明欢快的色调，促使儿童乐观活泼，有利于疾病的治疗（图3-30）。有科学家指出，红色有助于小肠和心脏等疾病的治疗，黄色可协助脾脏和胰腺病的治疗，蓝色有助于大肠和肺部病的治疗，绿色有助于治疗肝、胆的病变。由此可以看出，同一个医院，也有众多的区别，只有认真分析，才能

图3-29　起居室是家庭公共活动的空间，宜创造一个亲切、和睦、舒适的气氛

确实找出合适的色彩。

另外，人们在不同室内环境中所处的时间不同，对于色彩的感知也有所不同的。譬如，在车站、机场及餐厅等，绝大多数人在此停留的时间较短，因此，使用色彩可以明快和鲜艳些，以给人较深刻的印象。而办公室及家庭住宅，人们在这里时间很长，色彩就不宜太鲜艳，以免过于刺激视觉，用较淡雅和稳定的色彩，有助于正常的工作和休息（图3-31、图3-32）。

最后，生活和生产方式的改变，致使许多环境在改变。譬如，银行过去在人们的印象中一直是一个庄重甚至带有几分神秘色彩的地方，而如今人们越来越多地开展商业活动，对于银行也愈来愈熟悉，银行也向亲切，平易近人的方向发展，因此，色彩的选用也开始由传统的比较庄重向轻松亲切方向发展了。

图3-30　某医院的儿童病房

（2）力求色彩符合形式美

对于色彩的配置也必须遵循形式美的规律和法则，处理好对立统一的关系，注意主次、节奏与韵律、平衡与重点等关系。

图3-31　日本新干线东京车站

色彩的设计如同绘画一样，首先要有一个基调，即整个画面的调子，这个基调就是环境色彩的大概面貌，体现的是大致的空间性质和用途。基调是统一整个色彩关系的基础，基调外的色彩起着丰富、烘托、陪衬的作用，因此，基调一定要明确。用色的种类多少，面积大小，都是视基调的要求而定，必须是在统一的条件下的变化。多数情况下，室内的色彩基调多由大面积的色彩，如地面、墙面、顶棚以及大的窗帘、台布等这些部分构成。所以，决定这些部分的色彩时，也就是决定基调的时候（图3-33）。

统一与变化的原则贯穿于整个造型艺术，色彩也同样必须遵循。强调基调，就是重视统一的问题，而求变化则是追求色彩的丰富多彩，免于单调乏味，使色彩活泼多样，更趋个性化。求变化不能脱离统一基调。一般情况下，小面积的色彩可以采用较为鲜艳的色，而面积过大，就要考虑对

图3-32　素雅的家庭起居室空间

图3-33　统一基调的空间色彩

图3-34　室内色彩宜上轻下重

图3-35　空间色彩的节奏感

图3-36　建筑空间的色彩与材料关系密切

图3-37　木材的本色更能体现自然的感觉

比是否过于强烈，破坏整体感。

室内色彩还需注意一个上轻下重的问题，即追求稳定感和平衡感。多数情况下，顶棚的色彩应比墙面，尤其是地面要明度高些，地面可用明度较低的色，这样符合人们的视觉习惯（图3-34）。

节奏和韵律也是色彩形式美的重要法则。环境色彩设计与绘画还略有不同，环境色彩多由建筑元素、构件、家具等物件构成。这些物体相互间都有一个前景与背景关系，如墙面的色彩是柜子的背景，而柜子也许又是一个花瓶，或者其他物品的背景。强调节奏和韵律要考虑色彩排列的有次序，有节奏，这样可以产生韵律感（图3-35）。

（3）结合建筑与装饰材料

环境色彩设计是建立在建筑与装饰材料色彩的基础上的，大部分材料的色彩是受限制的，不可能随心所欲地进行选择和调配（图3-36）。譬如，我们选择天然的花岗石，尽管花岗石有各种色调，或暖色或冷色，有红、绿、黄、白等，但是你只能在现有材料的色彩内进行选择，而不能对某种花岗石的色彩做任何的调整和变动。这一点与绘画是不同的。而且，同一个色彩用在不同的材质上，视觉效果也并不完全相同。譬如，同是一个暗绿色，花岗岩里就有这种色彩，且装修工程里也常用到，色彩效果也不错，但是，如果是用普通磁漆刷在墙面上，色彩差不多，但效果却是天壤之别。

装修材料，尤其是天然材料，应尽量发挥其材质特点和自然美，不要过多地雕凿和修饰。譬如木材，如果色彩及质感运用得当，运用本色远比用不透明漆要好（图3-37）。另外，同一种色彩，用在不同质感的材料上或从整体上，从远距离看，差距不大，而由于表面质地的不同，近距离表现出来的视觉感受，是有很大差别的。

（4）符合民族特点、文化意蕴和气候等环境的特点

不同的民族有不同的用色习惯，有着禁忌和崇尚的用色。对不同色彩的喜爱和厌恶也反映了各个民族的文化。另外，气候条件也是色彩设计中应考虑的一个因素。尤其是在一些比较炎热或者比较寒冷的地区，一定要考虑到人在那些气候条件下的色彩感受。

3.3　外部环境色彩设计

外部环境色彩设计涉及建筑、城市道路、绿地以及自然山水、花草树木等。

3.3.1　外部环境色彩的影响因素

外部环境与自然的联系紧密，环境色彩也在很大程度上受着自然环境的影响，这是与内部环境不同的方面。同时，外部环境的功能、尺度、视觉感受等都与内部环境有一定的区别，所以要研究和分析外部环境的色彩特点，从而找出适合外部环境色彩设计的规律和方法来。

（1）气候对于外部环境色彩的影响

不同的地区由于气候条件的不同，都会对环境色彩的选择和使用带来一些影响，所以不同气候条件的地区会有各自明显的地区色彩差异（图

3-38）。譬如，寒冷地区由于温度较低，适合用暖色调，而炎热地区使用冷色系列的色彩则会让人感觉比较凉爽。影响色彩的气候因素还有日照的长短、降雨量的多少等。日照时间较长或海拔较高、紫外线较强的地区，由于太阳光的长时间照射会给建筑物表面带来影响，过深的色会提高墙面的表面温度，可能造成材料变性，涂料脱落等，所以，一般宜采用浅色为墙面色。

（2）周边环境对于外部环境色彩的影响

外部环境色彩的设计，无论是处在自然环境中，还是在人为的城市环境中，都要分析和结合周边的环境因素。进行整体的思考（图3-39）。尤其是风景区中的建筑物等的色彩设计，首先要注意保护环境，保护风景，让自然环境与所设计的建筑物或其他设施等相互映衬，形成整体。即使在城市里，也要考虑周围的建筑物等的色彩因素，要与周围环境色彩有所联系，考虑它们的整体性，使之与城市建筑的色彩相协调。

（3）建筑与装饰材料对于外部环境色彩的影响

建筑材料由于它本身的空隙率、密实度和硬软度不同，因此可形成不同的质感。如金属、玻璃属硬质材料，表面光滑，感觉偏冷；木材、织物属软质材料，质地疏松，感觉偏暖。材料的质地、纹理和色彩不同会给人以不同的粗糙、细腻、轻重等感受。人们也常常用材料的这些质感、纹理、色彩等的特性，结合对比、协调等手法来处理外部环境的关系，色彩是其中重要的手段之一。材料与建筑构造的关系最为直接，不同的构造需要不同的材料使之实现。不同的材料又有各自色彩上的特点，建筑材料的色彩与材料本身的结构和生产工艺等有关。材料的色彩选择是不能随心所欲的，尤其是天然材料，如木材和石材，我们只能去选择它，而不能去改

图3-38　绿色是春城昆明的色彩特点

图3-39　环境的协调

图3-40　麦当劳的标志性色彩

图3-41　泰国园林建筑色彩

变它的色彩，所以，建筑材料的色彩对于外部环境的色彩是有一定的制约和限制的。设计师更应该在材料可能的情况下，结合材料的功能因素，考虑材料的色彩关系进行设计和处理。

（4）使用性质对外部环境色彩的影响

色彩在功能性上的表现也是比较突出的，人们对于空间中的建筑物、设施等都会有一个色彩上的“约定俗成”或基本认定（图3-40）。譬如，我国古代建筑强调色彩的使用性质。宫殿的金黄色屋顶、大红柱子、“朱门金钉”等，都显示王宫贵族的豪华尊严和高尚的地位。民居、民宅则以青砖灰瓦白墙为多，形成统一协调的色彩关系。云南白族民居中有“三坊一照壁”的格局，照壁则都以白色为主，因为白族民居的“三坊”形成的三面围合，使光线不易射进，照壁的反光可以大大增加室内的光线。园林建筑的色彩一般都比较强烈，尤其是自然环境中的亭子等，色彩的强烈和对比可以起到点缀的作用，同时，这种强烈和对比在自然界的大环境中易于被人发现，起到指示的作用（图3-41）。

3.3.2　外部环境色彩的构成要素

外部环境构成的要素主要有自然的和社会的两方面内容。自然要素包括：天地山水、地形地貌、花草树木等；社会要素包括：建筑物、构筑物、设施、道路、硬地、小品等，此外还有交通工具和人本身。

（1）自然环境

自然环境是指某一特定地理位置，由于气候、地形等因素的影响所造成的这一地区天地山水、地形地貌、花草树木的景致特点。环境艺术设计首先要把自然环境的种种方面进行分析和研究，充分而合理地利用环境因素，与环境协调一致。不同地区的自然环境也是有差异的，天地山水在我国南北方，在不同海拔高度的地区，有着极大的差别。如南方地区多雨水，温湿，树木花草种类也较多，环境色彩偏绿，而北方地区冬季时间长，温度低，尤其是东北地区，冰雪时间长，环境色彩显然与南方地区不一样。云南、西藏等高原地区，山多，且植物的生长受着气候的制约，植物色彩有着自己的特点。

图3-42　中国强调与自然环境协调统一的寺庙建筑

自然环境是天生自成的，在某种意义上说，我们不可能去改变它的本来面貌。从环境设计的角度讲，我们应更多的考虑如何在一定条件下做到与自然环境的协调。在这点上，国内外设计史上都有优秀的典型案例。如我国的园林设计，强调天人合一的境界，强调与自然的和谐，一些名川大山的寺庙建筑有机地与环境融合、统一成一个整体（图3-42）。而西方人的观念不同，他们更注重人的能动性，强调人的力量，在一些自然环境中，西方人的建筑不是走协调的道路，而是突出建筑的人为性质，采用与自然环境对比的手段，但同样能统一在整体的环境之中（图3-43）。

图3-43　西方强调人的力量与自然形成对比的建筑

（2）建筑

建筑的造型和色彩往往会对空间环境的整体起到很大的影响作用，城市空间多是由建筑物围合而形成的，所以建筑色彩的影响尤其大。建筑出于使用功能和精神及文化等方面的原因，都具有各自的造型特点。色彩则是造型手段中的一种，每幢建筑不管使用什么样的材料，建筑的外形都具有某种色彩。色彩的使用恰当与否，会关系到建筑的使用功能和艺术表现力等。巧妙地利用色彩可以加强建筑造型的表现力，如利用色彩的冷暖、明暗、进退、轻重感来加强建筑物的体积感、空间感，利用色彩丰富建筑空间，也可以利用色彩来加强建筑造型的统一等。建筑是空间环境构成的主要元素，所以，把握建筑的色彩关系，往往是掌握空间环境整体的关键。

（3）构筑与设施

构筑主要指建筑的围墙、台、池、桥、架塔等，设施是指室外的家具，如座椅、灯具、栏杆、垃圾筒、指示标牌等。尽管构筑和设施不像建筑物那样在空间中占据很大的面积和分量，但也是不可忽视的因素。构筑和设施虽然面积不大，但在色彩的运用上常常可以使用比较响亮的色彩，以起到点缀的效果，也便于引起注意，达到一定的指示作用（图3-44）。

图3-44　外部环境的设施可以使用较为明亮的色彩

（4）道路与硬地

道路是外部环境中不可缺少的，最具使用功能的元素，道路的色彩对于环境也有影响作用。如沥青路面色彩呈黑灰色，偏冷，混凝土路面是浅灰色，加色的混凝土预制块也有多种色彩的选择，而使用各种陶瓷砖就可以形成各种色彩的变化。硬地也与道路基本相似，也可以有各种不同的选择和变化。道路色彩的选择也首先要考虑它的使用，一般来讲，像沥青、混凝土路面的色彩与周围环境有较大的区别，同时也不容易吸引人，往往会暗示是汽车的通道，人们会快速地离开。如果铺装了加色的混凝土预制块或彩色陶瓷砖就会给人以吸引力，带来某种情趣，许多广场等空间里常常用这种材料和色彩来增加空间的变化和整体性（图3-45）。

图3-45　某广场的地面材质与色彩

3.3.3 外部环境色彩的设计与处理方法

外部环境按规模、性质等的不同，可以归纳为城市、街区、组群、单体等几个层次；按性质的不同可分为文化性环境、居住性环境、商业性环境、办公性环境、休憩性环境等。不同层次和不同性质的环境，也必须按照各自的环境要求和特点去考虑色彩的关系。

（1）城市空间环境

城市空间环境的色彩是一个涉及范围极广的问题，很难有一个较具体的城市整体的色彩规划设计，最多也只能是由城市规划部门从宏观上加以管理和控制，有一个大的原则意图。苏州和青岛是两个有较鲜明的色彩特征的城市。苏州是粉墙黛瓦，青岛是红顶绿树。但是它们也只是在一定范围和时期内得以体现，要大规模千篇一律的沿袭是不太可能的。

（2）街区空间环境

街区大约有两种形态：一是面状构成，主要是居住区、工厂、学校、城市中心广场等，其特点是有一个相对独立的地段，有足够的外部空间，区域内的建筑和设施有较强的关联，一般有整体的规划；二是带状构成，主要是各种街道，如商业街、文化街、商务街等，其特点是围绕街道形成线性空间环境，建筑是该空间环境的侧界面，单独的建筑必须要融入街道的整体环境内。街区的色彩设计，不管是面状形态还是带状形态都必须有一个统一的设计思想指导，从整体上去把握和控制。其方法如下：

1）整体同色：大量的建筑采用相同的色彩组合，只是在建筑的细部等装饰上用其他色彩进行点缀。如一些仿古的商业街采用粉墙、青瓦和青石地面，整体色彩统一，而店面招牌等可以用醒目的色彩点缀，色彩就能既统一又有变化（图3-46）。

2）类似色彩的组合：类似色彩是指色相邻近或色相虽有差别，但是彩度降低而明度一致的色，这样的色彩也可以统一。这种组合要比相同色组合有变化，同时也可以在细部上采用统一的色彩，使整体关系会更好些（图3-47）。

3）整体一致、局部变化的组合：在空间里某些使用性质或空间角色比较特殊的建筑，可以通过与整体色彩有一定差异或对比关系的色彩来强调这些建筑。如居住区中的幼儿园、商店等，这样既可以突出这些建筑的标识性，同时，由于它们的面积相对整体来说只有很小的比例，所以不会

图3-46 欧洲某城镇采用同一色彩达到统一效果

图3-47 类似色彩统一整体

影响整体的统一关系（图3-48）。

4）对比色彩的统一：在一些娱乐性或商业性的空间环境中，采用对比的色彩可以起到热闹、繁华的气氛渲染作用。对比可以在色相、明度、彩度等几方面使用，但对比一定要注意统一。常用的手法是：对色相、明度、彩度中某一种采用统一手法，如明度的一致，而在色相和彩度上有对比，这样来进行统一和协调，反之亦然。对比色彩的统一实质上是要在对比的色彩关系中找到某种共同的因素，或用某种共同的因素来将它们联系起来（图3-49）。

5）用节奏和条理的方法处理色彩：采用有规律的方法来安排色相、明度和彩度的变化。如相同色相，不同彩度，不同明度的层级性递增递减，形成大范围的色彩韵律推移。当然，也可以是不同色相的逐渐变化，如由黄至红逐渐推移变化到蓝绿的色彩，形成有规律和节奏的色彩变化。

（3）建筑组群空间环境

建筑组群空间环境主要是指那些不是由一次性的整体规划和建设完成的，而有时间上的先后顺序建设的空间。这种空间往往由于建筑的性质不一样，建设的时间上也不一致，业主的要求和设计师的指导思想不统一，势必形成整体统一较难的问题。为了避免出现只顾"独善其身"的局面，力求能达到环境的协调和统一，要求努力做到以下几点：

1）基于"先来后到"的原则，后来的建筑设计应尽量尊重先已存在的建筑。对于有文化价值的古代建筑，自然不必多说，就是跨度时间不长的，也同样应采取尽可能协调的色彩处理，不要为突出自己，有意与邻近建筑"针锋相对"，导致整体的破坏。

2）增加建筑间的距离，增加绿化的面积。在可能的情况下，尽量让建筑物之间的距离不要过小，增大距离。同时加大绿化面积，因为绿化植物的色彩可以起到调和的作用，这在一些花园别墅的建筑群里运用得比较好（图3-50）。

3）在这种空间里，色彩的设计一般宜少些夸张和炫耀，因为，如果每个建筑都只顾提出自己的个性，不考虑周围的建筑关系，色彩过于鲜艳，就会使整体不协调和不统一。反之，如果在色彩设计上，都能采用相对比较中性的色彩，给别的建筑和整体都会留下比较大的余地。

4）在建筑物以外的公共空间里，还有各种构筑物和设施。对它们采用统一的设计，用色彩来把色彩变化较多的建筑物串联起来，如统一围墙的色彩等。设施和构筑物虽然面积不大，但是统一了色彩后也可以在相互间建立一定的联系，也可以用周围建筑物的色彩来作为建筑的某些局部装饰色彩，起到一定的联系作用。

图3-48　整体一致，局部变化的色彩关系

图3-49　商业街道的对比色彩关系

图3-50　增加绿化面积来统一环境的色彩

3.4　内部环境色彩设计

3.4.1　内部环境色彩的影响因素

内部环境的色彩应该与环境的形态等其他要素一样，力求为创造内部环境的安全、舒适、愉快提供条件。色彩的设计也总是要从使用的功能、生理和心理的反应、环境气氛的营造、审美的需求以及色彩在空间中的标志指示功能等方面考虑和协调各方面的关系，以求达到一个最佳的平衡点。

色彩的选择和配置合理、恰当与否，直接关系到空间的功能实现。如学校教室的色彩一般以高明度、素净、无鲜艳色彩为好，因为教室的主要功能是学习，色彩过多、花哨会引起眼睛疲劳，影响视力。但是教室的色彩也并不是以白色为最佳，有研究证明，白色由于明度高，在某些光线强烈的环境里相反会使眼睛感到刺激，产生疲劳。较理想的教室墙面色彩应该是略带灰蓝或灰绿色，可以使眼睛得到休息。办公室、会议室、图书馆等空间都与教室有类似的功能需要，所以这类空间应以宁静、安详的色彩性格为主。舞厅、歌厅等娱乐性空间的性质要求活跃、欢快，甚至狂热，因此，这样的空间使用彩度和明度高的色彩更容易创造热烈的气氛，容易调动人的情绪。珠宝首饰店的展台等宜用深而沉稳的颜色，这样可以突出首饰等展品，而不至于色彩过艳影响眼睛判断珠宝和首饰的色泽等。当然，每个特定的空间都有特殊的功能性质要求，只有对具体对象做具体的分析和研究，才能将色彩有效地和功能结合起来。

色彩的生理和心理作用也是不可忽视的重要环节。本章前面讲到的有关医院病房色彩设计的例子较好地说明了这个观点（图3-51）。

色彩的选择与空间的环境气氛要求是密切相关的。空间的环境气氛我们常常可以进行语言性的描绘，如庄重、宁静、素雅、优美、恐怖、欢快、神秘等。这些抽象的语言描述都可以和某种色彩有一定的联系。譬如，宁静在色彩上表现一般为偏冷色调，色彩较为单纯，变化不宜太多；庄重在色彩上与较沉稳的色，如黑色、棕色、暗红等复合色性质接近；优美则相反，一般来说更多偏向于粉红、淡蓝、浅绿等明度与彩度偏高的色彩；欢快的气氛往往不是由某一种或几种色彩组成，而是由许多色彩的对比与组合的关系形成的。可见，环境色彩的选择往往是随空间的气氛要求而发生变化的（图3-52）。

空间是为人服务的，不同的服务对象就会有不同的审美要求，也就同时会出现不同的色彩变化和差异。如年轻女性的房间一般偏向于粉红或粉绿的色彩，而年轻男性则偏好色彩明亮、有对比的色彩；知识分子更多喜欢比较典雅的色彩组合，如白色与咖啡色等；儿童更偏爱艳丽的色彩，红红绿绿的使儿童快乐。审美的差异具有明显的个性，因此，对于对象的了解和调查也是环境色彩设计工作不可缺少的部分（图3-53）。

图3-51　医院的色彩设计要考虑人的心理

图3-52　环境的色彩应符合环境的气氛要求

图3-53　人对空间色彩的喜好有个性的区别

除了以上各种影响空间色彩的因素外，还有一个不能忘记的就是色彩的标示作用。色彩在空间里常常起着很大的指示作用，如众所周知的安全标志，还有在空间中引导路线、空间识别和设备的识别等。如某些医院门厅用不同的绵延色带将人带到不同的科室，起到很好的引导作用。某些高层建筑楼里，为了识别楼层的方便，往往用不同的色彩来区别不同的楼层。商场里也有用地面色彩来划分不同的区域表示商品的展出分区。还有就是在一些需要有暗示功能的地方，也可以用色彩来处理，如楼梯的扶手用醒目的色彩表示，以达到引导的目的（图3-54）。

图3-54　用色彩起到指引道路的作用

3.4.2　内部环境色彩的构成要素

内部环境色彩的影响因素虽多，但它的构成却与外部环境的构成一样，是由围合面、设施、家具等共同完成的，因为色彩本身是不能独立存在的，它必须依附于某一具体的物体之上。归纳起来，内部空间的色彩构成要素可以分为三个层面：

（1）第一层面（围合面）

围合面（顶面、墙面、地面）是空间的主要构成要素，也是内部环境色彩的主要构成要素。对于绝大多数内部环境来说，围合面的色彩是形成室内色彩基调的主要成分，因此，围合面的色彩是影响整个室内色彩的重要因素。围合面往往是室内其他物件的背景色，起着衬托的作用。所以，围合面色彩的选择既要考虑环境色彩基调的选定，又要考虑作为背景的色彩关系。通常情况下，围合面的色彩不宜太鲜艳或浓重，选用低彩度的色，容易与家具等物件形成协调关系。当然，这不可一概而论，得视具体的环境和对象而决定。围合面中，墙面的色彩一般要稍浅淡些，地面的色彩可偏重些，这样能使地面显得较为稳重，也比较符合人们上轻下重的视觉习惯。顶面在空间中也占了相当的面积，常常是空间感调节的手段，空间的过高或过低都可以用顶面的色彩来调节，需要空间宽敞、明亮，宜用高明度的色彩，相反，有时空间需要中心向下，集中在空间下部时，如舞厅等娱乐空间，顶部的色彩则需要重些，可以形成向心的空间感觉。三个围合面的相互关系也需要注意统一和协调，一般情况下，色彩尽可能采用同一色相或类似色相，而在明度上做一些区别较为妥当（图3-55）。

图3-55　空间围合面的色彩应尽量统一

（2）第二层面（家具、设施、构件）

家具、设施、建筑构件在空间环境中往往也占据了一定的面积，对空间的色彩也能产生较大的影响。家具、设施、构件与围合面应是一个色彩统一的关系。这种统一可以用两种方式完成：一是调和的统一，在色彩的相互关系上用类似和协调的色彩组合构成；二是采用对比的统一，家具、设施、构件可以用与围合面有一定差异的色彩进行对比组合，如浅调的墙面用深色的家具可以较好地突出家具。对比的手法要注意的是，围合面和家具等的面积比的关系，要避免对等和相同，通常少量的家具和设施会取得较好的效果。家具和设施等的色彩具有双重性，它既是墙面等的前景色，被墙面所衬托，而同时它又是室内的陈设和小品等的背景，与墙面等共同起着背景的衬托作用。家具、设施和构件的色彩往往还起着烘托空间环境气氛的作用，尤其是家具较多的空间里，家具的色彩往往可以影响空间色彩的整体印象（图3-56）。

图3-56　某住宅的家具色彩

图3-57　绿化、小品的色彩可以起到点缀的作用

（3）第三层面（陈设、绿化、小品）

陈设、绿化和小品是室内空间装饰层面的主要物件。装饰是美化和调整空间整体效果的重要手段之一。陈设、绿化与小品的色彩比较富于变化和多样，在空间中布置与安排比较灵活和方便。围合面与家具等相对需要固定，一般不宜随意进行改动和变换，而陈设、绿化与小品恰好可以根据构图等的需要灵活改动。陈设、绿化和小品运用得当，在空间中经常有画龙点睛的效果。由于陈设、小品和绿化在整个空间中占的面积不会太大，所以色彩一般也可以较为鲜艳、突出，色彩的变化也可以较丰富，这样可以调整围合面与家具等大面积的一致色彩所形成的单调感（图3-57）。

3.4.3 内部环境色彩的选择与处理

内部空间的性质各不相同，大致上我们可以把它列为几类：工业建筑空间环境及民用建筑的公共空间环境和居住空间环境。下面就不同的空间环境类型讲述色彩的选择和处理。

（1）工业建筑空间环境色彩的选择和处理

工业建筑空间环境是人们进行生产活动的场所，空间环境的好坏直接影响到生产效率的高低和生产者的身心健康。合理的工业空间的色彩设计可以使劳动者有一个良好的环境，提高效率、降低劳动强度、降低疲劳、减少事故等。

在过去的工业建筑空间环境中，人们很少注意色彩的设计，往往简单地把墙面刷成白色，机械设备等一概涂成灰色。如此的环境，时间一长，就会灰尘堆积，容易污染，且整个空间大量的机械设备都是灰色，给人沉闷和压抑的感觉。机械设备也不容易被识别，如吊车等一些运载工具等与背景色混成一起，给操作人员带来难度，易疲劳，降低了效率。实践证明，如果改变室内的色彩环境，可以减轻工人的疲劳感，提高生产效率及产品质量，提高生产的安全因素。如机械车间的墙面用淡蓝或淡黄色，生产线用深绿色，吊车用橙色钓钩，用黄色与黑色或白色相间的条纹，这样的生产环境，视野清晰，动、静物体分明，吊车驾驶员可以通过醒目的色彩来进行操作。工业建筑空间的色彩设计，首先要考虑功能和特殊的用途，色彩要既能反射光线，增加室内的光亮度，又不耀眼，清晰地反映物体的外形，较好地显示工作区域，使危险地带和障碍物突出、醒目，防止事故的发生。

基于以上的基本认识，我们认为工业建筑空间的色彩选择和处理，根据不同的生产性质，具体应表现在以下内容上：

1）一般劳动厂房：一般劳动厂房应根据其生产的性质、设备状况、工艺布置、采光通风方式、室内亮度要求等因素来进行选择，以确定顶、墙、地面以及门窗、机械设备的色彩。厂房的色彩从使用功能上一般可以分为焦点色、机械色、环境色三种：

①焦点色：焦点色主要是指工人注视的局部对象，如加工件、制品、机械运行部分及操作中心的色彩等。焦点色是工人操作主要注视点，为便于识别，应与背景色彩拉开一定的距离，如加工件色彩为白色，背景色可为暗而无光泽的颜色。如加工件是铸铁、铸钢件等，背景可用浅褐色，操作把手、按钮等应与背景色有比较明显的色彩差别，以提高操作的有效性，减少事故。

②机械色：机械色是指机械本身的色彩，包括邻近的机械设备、工作台、装配线等的色彩。一般宜用无刺激的、安静的颜色。可以选择与空间的色彩相似或有对比的色相。笨重、巨大的设备可以用较高明度的色，这样可以减少深色带来的沉重感。

③环境色：环境色是指人的视觉在室内空间所能见到的各种景物，如墙面、地面、顶面、建筑构件等的色彩。环境色的选用应考虑空间体量的大小、背景色与焦点色的对比关系、自然的采光和人工照明、环境所需的气氛等。譬如，要使人对空间有较宽大的感觉，宜采用冷色或后退色；环境色与生产加工的制品应有一定的差异，以便清晰可见；淬火等加工的车间可以选用偏冷的色彩。

2）精密性生产厂房：精密性机械、精密仪器仪表、光学等的生产中，加工非常精细，工人容易疲劳，影响效率和产品质量。所以，对于精密性生产空间的色彩选择又有一些特殊的要求：

①减少视觉疲劳的要求：在精密性制品生产时，工人的视觉比较紧张，容易疲劳，所以，凝视点及其周围应选择不易产生疲劳的色彩。墙面等环境色与加工件的色彩应有色相上的对比，明度上的差别不要过大。墙面等环境色应尽量采用有利于恢复视力的颜色。不同的色相给人产生不同的感受，对精神放松和视力恢复也有不同的功效。一般情况下，绿色使人感到凉爽、安静，能使眼睛肌肉放松，而红色使肌肉兴奋，容易引起视觉疲劳。

②提高照明效果的要求：不同的色彩和材料有不同的明度和反射率，这些都会影响到室内空间的照明效果。一般说来，墙面及地面色彩的明度不要过高，防止出现眩光，选用草绿、墨绿、灰色等色彩则较为合适。而顶面的色彩明度可以稍高些，因为顶面与视觉角度有一定差距。

③安全和环境美化的要求：生产车间等空间要尽量消除安全的隐患。因此，对一些有安全要求的地带、设备等必须用醒目的色彩加以标示，这类色彩面积不宜太大，种类不宜太多。同时，在满足了功能等的要求外，还要根据已有的基本色彩做整体的色彩构图考虑。考虑色彩的构图平衡、节奏和韵律、对比与协调等形式美的关系，力求创造符合视觉美感要求的色彩环境。

（2）民用建筑公共空间环境的色彩选择和处理

民用建筑空间环境与我们的生活更为紧密，民用建筑空间环境的色彩设计也更复杂，影响因素更多。我们把民用建筑空间环境中的公共空间环境和居住空间环境两种空间类型列出分别分析和讲解。下面先对民用建筑公共空间环境色彩的选择与处理做一介绍。

公共建筑空间环境的色彩设计，除了首先考虑使用功能外，它的公众性要求空间在环境气氛上有比较强的特点和个性，这样可以给公众一个比较深刻的印象，成为公众喜欢光顾的地方。色彩则是在环境气氛的创造中最敏感、最容易取得效果的手段。当然，色彩的设计不是一个独立的设计，是与空间形体、建筑和装饰材料等综合在一起的，也就是说色彩设计的同时，除了考虑功能和精神因素外，也必须要协调和平衡空间的形体、材料的选择和使用功能等因素。不同类型的空间设计要求也有所不同：

1）公共厅堂：在宾馆等门厅、过厅、电梯厅、服务性场所等，旅客一般只是做短暂的停留，而这种空间又需要能够吸引人，能给旅客一个比较好的感觉和深的印象，所以公共厅堂的空间要求环境气氛比较活跃、欢快。通常在这类空间里，色彩的变化可以多一些，以活跃环境气氛。门厅的色相多为暖色为好，这样比较容易形成温和和欢快的气氛。明度也需要高一些，从室外到室内的光的明暗反差不可太大。从门厅再过渡到其他空间可以逐渐降低明度，以取得柔和、稳定的气氛。同一颜色，不同的材料给人的视觉感受会有比较大的差异，所以，宾馆门厅的色彩还必须要结合装饰材料综合考虑（图3-58）。

图3-58　某宾馆的公共厅堂

2）餐厅：在前面的有关章节里我们介绍过，色彩对于人的其他感觉系统也会产生作用，譬如，色彩对于味觉就有刺激的连带效果。黄色会给人以成熟水果香甜可口的味觉联想，而紫色灯光下进食常常令人作呕。所以，用黄色作为餐厅的基调色可以使进餐成为一种享受，绿色和白色的搭配也可以造成清爽、新鲜、令人愉快的气氛（图3-59）。

图3-59　某餐厅的空间色彩

3）观众厅：人们认为观众厅的台口是舞台演出景象的一个“画框”，所以，传统的手法是将它装饰得富丽堂皇、鲜艳夺目。而现代的观念则认为，观众厅首先应满足观众看演出的功能，所以，近年来观众厅的设计都以朴素、简洁、大方为主，以突出舞台的演出。如某一剧场的设计，将观众席两边的部分侧墙选用白色的混凝土，与白色顶棚和白色的挑台的反射面形成一个整体，舞台两旁的墙面选用深黑色，从而加强了观众厅空间的封闭感（图3-60）。

4）图书馆：图书馆的设计应有利于阅读，避免分散读者的注意力。所以，图书馆的空间一般要求简洁、大方、明快，不宜有过多的装饰，以免注意力的分散。色彩的设计明度可稍高，以满足读书的需要。宜用低彩度的颜色，如浅灰绿色、浅灰黄色、灰白色等（图3-61）。

5）商业建筑：出于商业招揽顾客，创造经济效益的动机，一般商业建筑空间的设计都强调色彩要热闹、欢快、醒目，色彩的变化要丰富，色相不要过于单一，饱和度也可以高些，这样能吸引人的注意，比较容易形成红红火火的气氛。当然，不同性质的商业空间也要具体分析，才能确定色彩的整体设计思想。譬如，百货商场与服装商店、珠宝店等都各有特

图3-60　观众厅朴素的色彩处理

图3-61　某图书馆

点，尤其是现在各城市最热闹的各种超级市场，它的空间设计又与百货商场有比较明显的区别，超市的设计相对比较简洁，色彩较为统一，更主要的是突出商品（图3-62）。

（3）民用居住空间环境色彩的选择和处理

居住空间环境是与人们的生活最为贴近，所处的时间最长，是人们最亲切、最具有归属感的空间。由于居住空间属于个人或家庭的小范围，人的爱好、审美、观念等的差异导致居住空间有强烈的个性成分。尤其是随着近年来家庭住宅设计越来越趋向于个性化，居住空间的设计更难以一种标准或一种规范去解释它，色彩的设计也同样如此。居住空间根据不同的生活要求分为不同的空间，各空间具有各自特殊的使用和心理等的需要。以下按不同的空间讲述：

1）起居室：起居室是家庭的活动中心，也是最能体现主人性格的空间环境，是家庭居住空间的设计重点之一。从色彩上说，起居室在家庭环境里是比较活跃和欢快的地方，也是人相对比较集中的场合，所以，设计上可以较其他空间明快些，热烈些。当然，首先要把握色彩的基本性格要求，如宁静、典雅、富丽堂皇、朴素等，在此基础上进行色彩的配置，最终要符合这个性格特征。譬如，有的追求古典、高雅的个性，整个空间以白色为基调，顶面、墙面都是白色，地面是米色的花岗石，铺上姜黄色的、古典图案的地毯，家具也是白色上有金色浮雕纹样，黑色的地脚线，窗帘等织物也以与白相似的浅灰蓝、浅灰黄等为主，使整个空间色彩整体而有变化，高雅而统一（图3-63）。

2）卧室：卧室的基本功能是提供休息和睡眠，所以，卧室的色彩设计应能体现安静、舒适、温和的环境气氛，让人在这放松的空间环境里得到休息。一般来说，卧室的色彩不宜太刺激，应尽量选择中低彩度和明度的颜色，不要用白色等高明度色，以免过于刺激眼睛，不利于睡眠。因此，卧室常用米色、浅棕色、灰绿或灰蓝色等（图3-64）。

3）餐厅：餐厅宜用比较清洁的色彩，如白色与黑色的搭配，或浅灰色、米色、灰黄色等。

图3-62　某店铺的门面色彩设计

图3-63　古典、高雅的起居室色彩

图3-64　酒店房间的空间与色彩设计

4 环境光设计

视觉是人类认识外界事物的主要渠道之一，而光是提供视觉的基本条件。光照条件的好坏，不仅影响到人们正常生活的方便与否，而且从环境设计的角度来看，光的设计布置是决定空间环境优劣的非常重要的环节之一。环境光设计的作用一是要科学地提供适量的光照度，满足使用功能的需要，二是通过光的合理、艺术的设计，协同环境设计的其他种种手段，创造我们所需要的气氛和意境。

4.1 人与光环境

对于人的视觉来说，光的基本作用就是提供光照度。光的质量，包括照度高低、冷暖、方向等，都会直接或间接地影响到人的生理反应及人的心理感情。譬如，明亮给人以兴奋、喜悦，黑暗使人恐惧、灰心丧气，冷光给人寒冷、凉爽的感觉，暖光则常让人有炎热、温暖的体验。这些体验不仅仅是心理上的，有时会反应在生理上。平面光、侧面光、顶光等，不同方向的光源可以帮助我们认识和理解事物，可以加强或减弱物体的体积感，强调或柔和物体的表面质感，甚至有的人利用光的方向来反映人的性格。如摄影师会用底光的照射来表现一个狠毒、奸诈的反面人物，用正侧面柔光来表现一个温柔、善良的少女。如何充分利用这些光现象达到我们所希望的目的，以及如何去研究、发现这些现象和规律，这就是环境设计师所需要做的工作之一。

光使我们可以看到物体，看清物体，并且可以区分出不同物体。当然，这不仅要有足够的光照度，还要受到亮度、对比度、眩光、漫射光、颜色等因素的影响。

亮度，或称明度，是指一个物体表面反射光的能量多少。一个物体的明度取决于两个因素，一是所提供光的多少，二是其表面色彩的深浅和质地。即使各表面都处于同等光量的照度之下，一个光亮的浅色表面比一个深暗的无光表面或粗糙的表面能反射更多的光线。一般情况下，随着物体明度的提高，我们便越容易看清物体，但是亮度超过一定极限后，光的辐射会损伤人的眼睛，反之，亮度过低，物体在视觉中会模糊不清，甚至不能看见。所以，空间中光的亮度也是随着功能要求而决定的。

要能够辨认出一个物体的形状、式样和质地，一定程度的对比是必需的。一个白色的物体在深色的背景下要比在浅色的背景下容易辨认得多。对比程度的掌握也是影响辨认物体的要点，一般来说，对比较小的情况下，眼睛更能看清细节，对比过大，眼睛就无法看清更多的细节。所以，光线的强弱布置和对比是根据整体空间需要来决定的，不同功能要求的空间有不同的光设计。譬如，图书馆的光线一般应比较柔和，室内不需要有过强或过弱的光线，空间周围也应避免有对比强烈的图形和物体，以防止人的视觉被干扰。也就是说，在图书馆这样的空间里，应减少环境中过多的视觉信息，以免分散注意力。而商业空间招揽顾客的功能却需要一个引人注目，有更多视觉信息的光环境。

由于室内提供的光源的种类不同，布置方式不一样，因而产生了各种不同的光，如直射光、漫射光、眩光等。所谓眩光是视野内有亮度极高的物体或有强烈的亮度对比，而引起不舒适或造成视觉能力降低的现象，是影响人们观看的不利因素，如强烈的太阳光和晚上的汽车灯光直射眼睛等。眩光的产生与光线的投射方向和光的对比度有关，因此，要避免眩光，就需要我们采用各种手段，如降低对比度，调整灯具位置，用灯罩改变灯光的投射方向等。

建筑师与设计师对空间进行艺术的处理，以符合人的心理要求，光是设计师们常用的艺术手段之一。光对表现物体的体积、空间、质感、色感以及空间的导向和尺度等方面都有不可低估的作用。光在空间造型中起着独特的、其他要素不可代替的作用。它能修饰形与色，使本来简单的造型变得丰富，并在很大程度上影响和改变人们对于形与色的视觉感受。它同时还能为空间带来生命力、创造环境气氛等。

光可以表现物体形的特征，同一个物体，采用不同方向的光照射，可以强调或减弱它的体积感和空间感，甚至将三维的物体表现平面化。建筑中一些材料的使用，质感的对比和表现，也都不能离开光的作用。光可以将金属的坚硬和光滑，以及它的冷漠性格予以精确的表达，也可以将丝绸的柔软细腻和棉麻织物的粗糙纹理和朴素无华的特征表现得淋漓尽致。通过光源的布置和光的组成方式等的变化，用光造成点、面等不同的效果，来进行空间中光的艺术性的设计，可以创造空间的各种气氛。柔和、安静的光适合教室、图书馆等空间，变化、闪烁、欢快的光又是舞厅等娱乐空间的必要条件。热闹、活跃、轻松、宁静、庄严等不同的环境气氛都不能离开光的作用而完成（图4-1、图4-2）。

图4-1　不同光的效果(一)

图4-2　不同光的效果(二)

4.2 自然采光

光有天然光和人工光之分，在环境设计中，天然光的利用称做采光，而利用现代的光照科技手段来实现我们目的的称做照明。室内一般以照明为主，但采光也是不可缺少的部分。室外是以天然光为主，但同样离不开人工照明。利用天然光作为光源是一种节约能源的手段，同时天然光更符合人的生理和心理需要。通过窗，可以引进天然光，同时还可以起到另一个重要作用，那就是联系外界，在室外景色条件较好的情况下其作用更突出。天然采光的质量主要是取决于光源、光的强度以及光的方向等。天然光来自于太阳，它由两部分组成，一是直射光，直射光的方向随季节和时间而有规律的变化，二是整个天空的扩散光，其光线比较稳定和柔和。两种光线的比例是随天气和太阳的高度而变化，天气越晴，太阳越高，直射光的比例就越高。天然光的弱点是在光源的控制上不如灯光那样容易，是运动变化的，太阳的升起与落下，都影响直射光的投向。天气晴阴的变化，也会造成光的强弱变化。需要引起特别注意的是，太阳的直射光会造成强烈的眩光，导致视觉辨识物体时的困难。要解决这些问题就需要我们对光的特性和环境进行分析，利用一些手段来发挥自然光的长处，弥补其不足之处。譬如，直射光是变化、运动的，且直射光能形成明显的阴影，而这常常可以被利用来作为艺术处理的手段，强调和表现建筑的造型、材料的质感，渲染环境的气氛等。在设计过程中，对于如何来开设门窗，门窗的大小，门窗的位置，门窗的方向，采用什么样的辅助设施等方面做全面思考，这对最终实现我们主动控制自然光是大有裨益的（图4-3）。

图4-3　空间的自然采光效果

4.2.1　室外环境的自然光利用

每天的日出日落，气候的阴晴变化，造成自然光线的强弱、方向、直射、漫射等各种复杂现象。自然光的运动和变化是不受人的意志控制的，但是人们却可以利用自然光的变化规律，有意识地加以合理利用，这是室外环境设计一个重要的方面，但也是比较容易忽视的问题。

图4-4　昆明某建筑前的广场，用太阳伞遮蔽强烈的日光照射

首先应对当地的气候，如晴天与阴雨天的年平均天数，光的强度等，有比较清楚的了解。举最典型的例子说，重庆与昆明由于地处的位置不同，海拔的高度不一样，在自然光环境上有着相当大的区别。昆明每年的日照天数较长，且由于海拔高，太阳光强烈，辐射光经常可以使物体表面升温；而重庆则相反，雾天较多，即使是晴天太阳光的强度也比昆明的要弱。这些气候的差异对环境设计提出了不同的要求，也是环境设计中一些设施采用方式的依据。譬如，阳光强烈的地区，室外的休憩地点应有篷、伞等防护设施，同时，考虑太阳的眩光因素，在设施等的朝向上也应加以考虑（图4-4）。

直射光易形成阴影，建筑物的结构和自然物、树木等形成的阴影变化，往往是奇妙而富于运动变化的，往往可以带来艺术的想象。一些著名建筑师与设计师对光影有独到的理解和诠释，创造出了一些极有艺术品味的设计（图4-5）。

图4-5　光影常可以带来艺术效果

4.2.2　室内环境的自然光利用

室内环境的自然光利用也是室内设计中的重要内容。对自然光的控制，常常采用以下手法：

（1）决定窗的大小和位置

窗的开设取决于室内空间的属性是开放性的还是封闭性的，如客厅的窗户可以大些，明快些，相反，卧室就要求封闭些，窗户小些。一般的窗户都开设在侧面，但有些空间，在条件允许的情况下，可以设在顶上或侧面的下部，如宾馆的某些休息区、中厅等，可以充分利用顶上的天然光，扩大空间的范围（图4–6）。

图4–6 欧洲某商业街道的自然采光

1）侧窗：侧窗是一种构造简单且不受建筑层数限制的采光装置。当窗间墙比较大时，窗间墙附近的照度就比较低，侧窗的位置提高可以提高远处的照度。侧窗的采光有较强的方向性，易使物体产生阴影，空间中物体的布置要考虑这一因素。侧面光可以很好地表现物体的体积、质感，在许多学习和工作的空间里，最好让光线从左方射入，因为对于大多数习惯用右手的人来说，光线从左方来不至于使光线被操作的手挡住。如果要提高空间的整体照明度，除了将窗子开大外（窗子的大小往往受建筑外观整体设计的限制），还可以分析和观察太阳光的变化情况，用反射光的方式提高空间的照度。在光线进入的部位用反射能力较强的材料或色彩，譬如，顶面或侧墙面用白色或浅色，这样可以使空间有较多的反射光，尽量消除光线的死角（图4–7）。

图4–7 大玻璃窗可以提高室内的整体照明度

2）天窗：在有些空间进深大，单靠侧窗难以满足光的照度，同时又具备开设天窗条件的情况下，可以采用天窗采光，即通过屋顶开设采光口（图4–8）。工业建筑的车间和民用建筑的一些大型空间都采用天窗采光方式。天窗开设的方式较多，且各具特点，可以根据空间的功能要求和环境的具体情况来选择何种方式。常用的天窗有矩形、M形、锯齿形、横向下沉式、横向非下沉式、天井式、平天窗以及日光斗等。

（2）采用辅助设施

采用辅助设施可以解决两方面的问题，一是提高室内的光照度，二是防止眩光。眩光的产生是由于直射光造成的，那么阻挡光的直接进入，就可以改变光的性质，使直射光变为扩散光。由此，我们可以采取的方法有，在窗外装置遮阳隔片（类似百叶窗），调整隔片的角度，就可以改变光的方向。还可以在窗外设置雨棚，或者在合适的位置设置反射板，都能起到调整光源的作用。另外，也可以用装棱镜玻璃或磨砂玻璃等来使直射光变成漫射性质（图4–9）。

图4–8 天窗采光

图4–9 采用辅助设施来调节光线

4.3 照明

4.3.1 照明的作用

照明是用灯具来给空间提供光源，除了这个基本功能以外，它还在空间设计中起其他许多作用，总结起来，有以下几个方面：

（1）照明的调节作用

在前面我们已经讨论过，室内空间是由界面围合而成的，而空间感又是受各界面的形状、色彩、比例、质感等影响的，因而空间感与空间有着一定的区别。照明也同样在空间中起着相当大的影响作用，它可以调节空间的空间感，也可以调整灯光，以弥补各个界面的缺陷。如某个顶界面过高或过低，可以采用吊灯或吸顶灯等方法来进行调整，改变视觉的感受。顶界面过于单调平淡，我们也可以在灯具的布置上合理安排，丰富层次。顶面与墙面的衔接太生硬，同样可以用灯具来调整，以柔和交接线。界面的不合适的比例，也可以用灯光的分散、组合、强调、减弱等手法，改变视觉印象。用灯光还可以突出或者削弱某个地方。在现代的舞台上，人们常用发光舞台来强调、突出舞台，起到视觉中心的作用。

图4-10　不同的照明方式（一）

灯光的调节并不限于对界面的作用，对整个空间同样有着相当的调节作用。所以，灯光的布置并不仅仅是提供光照的用途，而且照明方式、灯具种类、光的颜色还可以影响空间感。如直接照明，灯光较强，可以给人明亮、紧凑的感觉；相反，间接照明，光线柔和，光线经墙、顶等反射回来，容易使空间开阔。暗设的反光灯槽和反光墙面可造成漫射性质的光线，使空间更具有统一感。因此，通过对照明方式的选择和使用不同的灯具等方法，可以有效地调整空间和空间感（图4-10、图4-11）。

（2）照明的揭示作用

照明还有各种不同的揭示作用：

1）对材料质感的揭示：通过对材料表面采用不同方向的灯光投射，可以不同程度地强调或削弱材料的质感。如用白炽灯从一定角度、方向照射，可以充分表现物体的质感，而用荧光或面光源照射则会减弱物体的质感。

图4-11　不同的照明方式（二）

2）对展品体积感的揭示：调整灯光投射的方向，造成正面光或侧面光，有阴影或无阴影，对于表现一个物体的体积也是至关重要的。在橱窗的设计中，设计师常用这一手段来表现展品的体积感。

3）对色彩的揭示：灯光可以忠实地反映材料色彩，也可以强调、夸张、削弱甚至改变某一种色彩的本来面目。舞台上对人物和环境的色彩变化，往往不是去更换衣装或景物的色彩，而是用各种不同色彩的灯光进行照射，以变换色彩，适应气氛的需要（图4-12）。

（3）空间的再创造

图4-12　恰当的照明可以揭示材料的质感

灯光环境的布置可以直接或间接地作用于空间，用连系、围合、分隔等手段，以形成空间的层次感。两个空间的连接、过渡，我们可以用灯光完成。一个系列空间，同样可以由灯光的合理安排，来把整个系列空间串联在一起。用灯光照明的手段来围合或分隔空间，不像用隔墙、家具等可以有一个比较实的界限范围。照明的方式是依靠光的强弱来造成区域差别的，以在空间实质性的区域内再创造空间。围合与分隔是相对的概念，在一个实体空间内产生了无数个相对独立的空间区域，实际上也就等于将空

图4-13　照明可以起到围合与分隔空间的作用

图4-14　富有特色的灯具能烘托空间的气氛

间分隔开来了。用灯光创造空间内的空间这种手法，在舞厅、餐厅、咖啡厅、宾馆的大堂等空间内的使用是相当普遍的（图4-13）。

（4）强化空间的气氛和特点

灯光有色也有形，它可以渲染气氛。如舞厅的灯光可以造成空间扑朔迷离，热烈欢快的气氛；教室整齐明亮的日光灯可以使人感觉简洁大方，形成安静明快的气氛；而酒吧微暗，略带暖色的光线，给人一种亲切温馨的情调。另外，灯具本身的造型具有很强的装饰性，它配合室内的其他装修成分，以及陈设品、艺术品等，一起构成强烈的气氛、特色和风格。譬如，中国传统的宫灯造型，日本的竹及纸制的灯罩，欧洲古典的水晶灯具造型，都有非常强烈的民族和地方特点，而这些正是室内设计中体现风格特点时不可缺少的要素（图4-14）。

（5）特殊作用

在空间设计中，除了提供光照，改善空间等需要照明外，还有一些特殊的地方需要照明。例如，紧急通道指示、安全指示、出入口指示等，这些也是设计中必须注意的方面。

4.3.2　光照的种类

由于使用的灯具造型和品种不同，从而使光照产生不同的效果，所产生的光线大致可以分为三种：直射光、反射光和漫射光。

1）直射光：直射光是指光源直接照射到工作面上的光，它的特点是照度大，电能消耗小。但直射光往往光线比较集中，容易引起眩光，干扰视觉。为了防止光线直射到我们的眼睛而产生眩光，可以将光源调整到一定的角度，使眼睛避开直射光，或者使用灯罩，这样也可以避免眩光，同时还可以使光集中到工作面上。在空间中经常用直射光来强调物体的体积，表现质感，或加强某一部分的亮度等。选用灯罩时可以根据不同的要求决定灯罩的投射面积。灯罩有广照型和深照型，广照型的面积范围较大，深照型的光线相对比较集中，如射灯类（图4-15、图4-16）。

图4-15　直射光的照明效果

2）反射光：反射光是利用光亮的镀银反射罩的定向照明，是光线下部受到不透明或半透明的灯罩的阻挡，同时光线的一部分或全部照到墙面或顶面上，然后再反射回来。这样的光线比较柔和，没有眩光，眼睛不易疲劳。反射光的光线均匀，因为没有明显的强弱差，所以空间会比较整体统一，空间感觉比较宽敞。但是，反射光不宜表现物体的体积感和对于某些重点物体的强调。在空间中反射光常常与直射光配合使用（图4-17）。

图4-16　美术馆展厅的照明效果

图4-17　用反射光线造成的柔和照明效果

图4-18　漫射光的光线平均，常缺少立体感

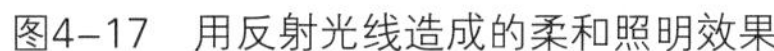

3）漫射光：漫射光是指利用磨砂玻璃灯罩或者乳白灯罩以及其他材料的灯罩、格栅等，使光线形成各种方向的漫射，或者是直射光、反射光混合的光线。漫射光比较柔和，且艺术效果好，但是漫射光比较平，多用于整体照明，如使用不当，往往会使空间平淡，缺少立体感（图4-18）。

我们可以利用以上所讲的三种不同光线的特点，以及它们的不同性质，在实际设计中，有效地使三种光线配合使用，根据空间的需要分配三种不同的光线，这样可以产生多种照明方式。

4.3.3　照明方式

1）直接照明：直接照明就是全部灯光或90%以上的灯光直接投射到工作面上。直接照明的好处是亮度大，光线集中，暴露的日光灯和白炽灯就是属于这一类照明。直接照明又可以根据灯的种类和灯罩的不同大致分为三种：广照型、深照型和格栅照明。广照型的光分布较广，适合教室、会议室等环境里；深照型光线比较集中，相对照度高，一般用于台灯、工作灯，供书写、阅读等用；格栅照明光线中含有部分反射光和折射光，光质比较柔和，比广照型更适宜整体照明（图4-19）。

图4-19　用直接照明方式表现的空间

2）间接照明：间接照明是90%以上的光线先照射到顶或墙面上，然后再反射到工作面上。间接照明以反射光为主，特点是光线比较柔和，没有明显的阴影。通常有两种方法：一是将不透明的灯罩装在灯的下方，光线射向顶或其他物体后再反射回来；另一种是把灯泡设在灯槽内，光线从平顶反射到室内成间接光线（图4-20）。

图4-20　使用间接照明方式的空间

3）漫射照明：灯光射到上下左右的光线大致相同时，其照明便属于这一类。有两种处理方法：一是光线从灯罩上口射出经平顶反射，两侧从半透明的灯罩扩散，下部从格栅扩散；另一种是用半透明的灯罩把光线全部封闭产生漫射。这类光线柔和，视感舒适（图4-21）。

4）半直接照明：半直接照明是60%左右的光线直接照射到被照物体上，其余的光通过漫射或扩散的方式完成。在灯具外面加设羽板，用半透明的玻璃、塑料、纸等做伞形灯罩都可以达到半直接照明的效果。半直接

图4-21　利用灯罩产生漫射照明

图4-22　某入口处的半直接照明

图4-23　某会议室的半间接照明

照明的特点是光线不刺眼，常用于商场、办公室的顶部，也用于客房和卧室（图4-22）。

5）半间接照明：半间接照明是60%以上的光线先照到墙和顶上，只有少量的光线直接射到被照物上。半间接照明的特点和方式与半直接照明有类似之处，只是在直接与间接光的量上有所不同（图4-23）。

4.3.4　照明的布局方式和亮度

（1）照明的布局方式

照明布局方式有三种，即基础照明、重点照明、装饰照明。

1）基础照明：所谓基础照明是指大空间内全面的、基本的照明，也可以叫整体照明，它的特点是光线比较均匀。这种方式比较适合学校、工厂、观众厅、会议厅、候机厅等。但是基础照明并不是绝对的平均分配光源，在大多数情况下，基础照明作为整体处理，然后在一些需要强调突出的地方加以局部照明（图4-24）。

图4-24　基础照明

2）重点照明（局部照明）：重点照明主要是指对某些需要突出的区域和对象进行重点投光，使这些区域的光照度大于其他区域，起到使其醒目的作用。如商店的货架、商品橱窗等，配以重点投光，以强调物品、模特儿等。除此之外，还有室内的某些重要区域或物体都需要做重点照明处理，如室内的雕塑、绘画、酒吧的吧台等。重点照明在多数情况下是与基础照明结合运用的（图4-25）。

图4-25　某表演场的舞台灯光效果

3）装饰照明：为了对室内进行装饰处理，增强空间的变化和层次感，制造某种环境气氛，常用装饰照明。使用装饰吊灯、壁灯、挂灯等一些装饰性、图案性比较强的系列灯具，来加强渲染空间气氛，以更好地表现具有强烈个性的空间。装饰照明是只以装饰为主要目的的独立照明，一般不担任基础照明和重点照明的任务（图4-26）。

图4-26　装饰照明

（2）照明的亮度

物体表面被照明的程度，称为光照度，它是每单位面积上通过光的量数，单位是勒克斯（Lx）。在设计照明时，为了更合理、更科学地使用光线，必须考虑各种场合的光照亮度，光色与气氛的关系，色温与亮度、光色的对比等因素。由于各个空间的用途和分辨的清晰度要求不一样，选用的室内亮度标准也不同。

图4-27　照明设计要依据功能，强调适用性

图4-28　照明也需要进行艺术的处理

4.4　照明设计的原则和内容

4.4.1　照明设计的基本原则

1）安全性：安全任何时候都必须放在首先考虑的位置，电源、线路、开关、灯具的设置都要采取可靠的安全措施，在危险的地方要设置明显的警示标志，并且还要考虑设施的安装、维修和检修的方便、安全和运行的可靠，防止火灾和电气事故的发生。

2）适用性：照明设计应该有利于人们在室内进行生产、工作、学习、休息等活动。灯具的类型、照明的方式、照度的高低、光色的变化都应与使用要求一致。

照度过高不但浪费能源，还会损坏眼睛，影响视力；照度过低则造成眼睛吃力，或者无法看清物体，影响正常工作和学习。闪烁不定的灯光可以增加欢快、活泼的气氛，但容易使眼睛疲劳，可以用在舞厅等环境，但不适用于一般的工作和生活环境（图4-27）。

3）经济性：在照明设计实施中，要符合我国当前电力供应、设备和材料方面的生产水平。尽量采用先进技术，发挥照明设施的实际效益，降低经济造价、获得较大的照明效果。

4）艺术性：合理的照明设计可以帮助体现室内的气氛、风格、可以强调室内装修及陈设物的材料质感、纹理美，恰当的投射角度有助于表现物体的体积感、立体感。因此，照明设计同样需要艺术的处理，需要艺术想象力（图4-28）。

5）统一性：统一性就是强调一个整体观念。照明的设计必须要与室内空间的大小、形状、用途和性质相一致，符合空间的整体要求，而不能孤立地考虑照明问题。

图4-29　照度的高低要根据空间性质来确定

4.4.2　照明设计的主要内容

（1）决定照度的高低

合适的照度高低是保证人们正常工作和生活的前提。不同的建筑物、不同的空间、不同的场所，要求有不同的照度。即使是同一场所，由于不同部位的功能不同，照度的要求值也是不相同的。因此，确定照度的标准是照明设计的基础。关于照度可以参考我国的《民用建筑标准》和《工业企业建筑标准》（图4-29）。

（2）确定灯具的位置

灯具位置的确定要根据人们的活动范围和家具等的位置来定。如看书、写字的灯光要离开人一定的距离，有合适的角度，不要有眩光等。而需要突出物体体积、层次以及要表现物体质感的情况下，一定要选择有利的角度。阴影在通常的情况下是需要避免的，但是某些场合需要加强物体的体积或者进行一些艺术性处理的时候，则可以利用阴影以达到效果（图4-30）。

图4-30　合适的灯具位置有助于空间和展品的表现

（3）确定照明的范围

室内空间的光线分布不是平均的，某些部分亮，某些部分暗，亮和暗的面积大小、比例、强度对比等，是根据人们活动内容、范围、性质等来确定的。如舞台是剧场等的重要活动区域；为突出它的表演功能，灯光必须要强于其他区域。某些酒吧的空间，需要的是宁静、祥和的气氛和较小的私密性空间，范围不宜太大，灯光要紧凑；而机场、车站的候机、候车厅一般需要灯光明亮，光线布置均匀，视线开阔。确定照明范围时要注意以下几个问题：

1）工作面上的照度分布要均匀：特别是一些光线要求比较高，如精细物件的加工车间、图书阅览室、教室等的工作面，光线分布要柔和、均匀，不要有过大的强度差异（图4-31）。

图4-31　要求光线均匀的办公空间

2）室内空间的各部分照度分配要适当：一个良好的空间光环境的照度分配必须合理，光反射比例必须适当。因为，人的眼睛是运动的，过于大的光强度反差会使眼睛感到疲劳。在一般场合中，各部分的光照度差异不要太大，以保证眼睛的适应能力。但是，光的差异又可以引起人的注意，形成空间的某种氛围，在舞厅、酒吧、展厅等空间内又是最有效、最普遍使用的手段。所以，不同的空间要根据功能等的要求确定其照度分配（图4-32）。

3）发光面的亮度要合理：亮度高的发光面容易引起眩光，造成人们的不舒适感、眼睛疲劳、可见度降低。但是，高亮度的光源也可以给人刺激，创造气氛。譬如，天棚上的点状灯，可以有天空星星的感觉，带来某种气氛。原则上讲，在教室、办公室、医院等一些场合要避免眩光的产生，而酒吧、舞厅、客厅等空间里可以适当地用高亮度的光源来造成气氛照明（图4-33）。

（4）光色的选择与确定

光也可以形成不同的颜色，与色彩类似。不同的光色在空间中可以给人以不同的感受。冷、暖、热烈、宁静、欢快等不同的感觉氛围需要用不同的光色进行营造和修饰。另外，根据天气的冷暖变化，用适当的光色来适应人的心理需要，也是要考虑的问题之一（图4-34）。

图4-32　某酒吧的照明设计

图4-33　天棚灯光的设计

图4-34　不同色泽的灯光可以形成一定的空间气氛

（5）选择灯具的类型

每个空间的功能和性质是不一样的，而灯具的作用和功效也是各不相同的。因此，要根据室内空间的性质和用途来选择合适的灯具类型。

4.5　灯具的种类与造型、选型

灯具在室内设计中的作用不仅仅是提供照明，满足使用功能的要求，而且设计师们还必须注重灯具的装饰作用。仅达到光在使用上的要求是比较容易的事，只要经过严格的科学测试、分析，然后合理的分配，就可以基本上做到。但是，如何充分发挥灯具的装饰功能，配合设计的其他手段来准确完全地体现设计意图则是一件艰难的工作。

现代灯具的设计除了考虑它的发光要求和效率等方面外，还要特别注重它的造型。因此，各种各样的形状、色彩、材质，无疑丰富了装饰所需要的基本元素。当然，灯具的造型好坏，只是部分地反映它的装饰性，它的装饰任务只有在整个室内装修完成后才能实现。灯具作为整体装饰设计中的一部分，它必须符合整体的构思、布置，而决不能过于强调灯具自身的装饰性。譬如，一个会议室或一个教室的照明布置，整个天棚是用横条灯槽非常有序的排列，整体组成一幅很规则的图案，给人一种宁静的秩序感，这种图案式的布置就有很强的装饰性。由于受到空间属性、特点、风格等因素的局限，一个高级、豪华的水晶吊灯，在此并不能起到它的装饰作用。而这个豪华吊灯若装在一个比较宽大的，有古典欧式风格的大厅里，就会使大厅感觉富丽堂皇，起到了它的装饰作用。灯具是装饰材料的基本单元，犹如画家手中的一种颜色，如何表现则需要设计师的灵感、智慧。

图4-35　欧洲某古典建筑空间内的灯具，有合适的尺度

灯具配合整体空间，有几个原则需要掌握：

1）尺度：灯具的大小体量是需要注意的方面，尤其是一些大型吊灯，必须考虑空间的大小，否则会给人尺度上的错觉（图4-35）。

图4-36　灯具的造型

图4-37　不同材质的灯具给人不同的感受

图4-38　灯具的组合有一定的装饰功能

2）造型：造型是一个复杂的问题，不是三言两语可以解释清楚的。但一般来说，造型的配合可以从造型本身以及环境的复杂和简单，线、面、体和总体感觉等方面去比较，看是否有共同性（图4-36）。

3）材质：材质上的共性与差异也是分析灯具与空间之间是否能够互相配合的主要因素。通常有些差别是合适的，但过于大的差异，会难于协调。譬如，一个以软性材料为主的卧室装修，有布、织锦、木等材料，给人比较温暖、亲切的感觉，假如装上一个不锈钢的、线条很硬的灯具造型，恐怕效果不会太好（图4-37）。

实现灯具的装饰功能，除了选用合适的、有装饰效果的灯具外，同时也可以用一组或多个灯具组合成有趣味的图案，使它具有装饰性。另外，利用灯的光影作用，造成许多有意味的阴影也是一种有效的手法（图4-38）。

4.5.1　灯具的种类

不同种类的灯具有其各自不同的功能和特点，设计师应根据不同种类、不同造型的灯具特点，来满足室内环境的不同需要。

（1）按固定方法分类

1）天棚灯具：天棚灯具是位于天棚部位灯具的总称，它又可以分吊灯和顺顶灯。

①吊灯：根据吊灯的吊杆等固定方式的不同，吊灯又可以大致分为杆式、链式、伸缩式三种：

杆式吊灯——杆式吊灯从形式上可以看成是一种点、线组合灯具，吊杆有长短之分。长吊杆突出了杆和灯的点线对比，给人一种挺拔之感。

链式吊灯——链式吊灯是将金属链代替杆。

伸缩式吊灯——伸缩式吊灯是采用可收缩的蛇皮管与伸缩链做吊具，可在一定的范围内调节灯具的高低。

吊灯绝大多数都有灯罩，灯罩的常用材料有金属、塑料、玻璃、木材、竹、纸等。吊灯多数用于整体照明，或者是装饰照明，很少用于局部照明。吊灯的使用范围广，无论是富丽堂皇的大厅，或者是住宅的餐厅、厨房等，都可用吊灯。

由于吊灯的位置处于比较显眼醒目的部位，因此，它的形式、大小、色彩、质地都与环境有密切关联，如何选择吊灯是一个需要仔细考虑的问题（图4-39）。

②吸顶灯：吸顶灯是附着于顶棚的灯具。它又分为以下几种：

凸出型——凸出型即灯具有座板直接安装在天棚上，灯具凸出在天棚下面。在高大的室内空间中，为达到一定的装饰气氛和效果，常用该种类的大型灯具。

嵌入型——嵌入型就是将灯具嵌入到顶棚内，这种灯具的特点是没有累赘，顶棚表面依旧平整简洁，可以避免由于灯具安装在顶棚外造成的压抑感。这种类型的灯具也有聚光和散光等多种式样。嵌入型的灯具经常可以造成一种星空繁照的感觉（图4-40）。

图4-39　吊灯

图4-40　嵌入式吸顶灯

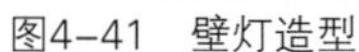
图4-41　壁灯造型

图4-42　落地灯的造型

图4-43　台灯的造型

投射型——投射型也是凸出形式，但不同的是投射式强调的是光源的方向性。

隐藏型——隐藏型是指那种看得见灯光但是看不见灯具的吸顶灯，一般都做成灯槽，灯具放置在灯槽内。

移动型——移动型的灯具是将若干投射式灯具与可滑动的轨道连成整体，安装在顶棚上，是一种可满足特殊需要的方向性射灯。此类灯具比较适合美术馆、博物馆、商店、展示厅等空间里使用。

2）墙壁灯具：墙壁灯具，即壁灯，大致有两种：贴壁壁灯和悬壁壁灯。大多数壁灯都有较强的装饰性，但壁灯本身一般不能作为主要光源，通常是和其他灯具配合组成室内照明系统（图4-41）。

3）落地灯：落地灯是一种局部照明灯具，常用于客厅、起居室、旅游宾馆的客房等。落地灯有比较强的装饰性，有各种不同的造型，也便于移动（图4-42）。

4）台灯：台灯也是主要用于局部照明。书桌上、床头柜、茶几上等都可以用台灯。它不仅是照明器，也是一个陈设装饰品。台灯的形式变化很多，由各种不同的材料制成。台灯的选择同样也应以室内的环境、气氛、风格等为依据（图4–43）。

5）特种灯具：所谓特种灯具，就是指各种有专门用途的照明灯具。它们大体上可以分为下列几种类型：

①观演类专用灯具：如专用于耳光、面光、台口灯光等布光用聚光灯、散灯（泛光灯），及舞台上的艺术造型用的回光灯、追光灯，舞台天幕用的泛光灯，台唇处的脚光灯，制造天幕大幅背景用的投影幻灯等。迪斯科舞厅、卡拉OK茶座里或文艺晚会演出专用的转灯（单头及多头）、光束灯、流星灯等。

②实用性灯具：如衣柜灯、浴厕灯、标志灯等。

（2）按光源种类分类

1）白炽灯：白炽灯是由于灯内的钨丝温度升高而发光的，随着温度的升高，灯光由橙而黄，由黄而白。白炽灯的色温为2400K，光色偏红黄，属暖色，容易被人们接受。白炽灯的缺点是发光效率低，寿命短，产生较多的热量。

2）荧光灯：荧光灯是由于低压汞蒸汽中的放电而产生紫外线，刺激管壁的荧光物质而发光的。荧光灯分为自然光色、白色和温白色三种。自然光色的色温为6500K，其光色是直射阳光和蓝色天空光的结合，接近于阴天的光色；白色光的色温为4500K，其光色接近于直射阳光的光色温；温白色的色温大约为3500K，接近于白炽灯。

自然光型的荧光灯由于偏冷，人们不太习惯。后来出现了白色型的荧光灯，蓝色成分较少，由此，大量地被人们应用。

荧光灯的优点是耗电量小，寿命长，发光效率高，不易产生很强的眩光，因此，常被用于工作、学习场所。荧光灯的缺点是光源较大，容易使景物显得平板、单调，缺少层次和立体感。通常为了合理地使用灯光，可以将白炽灯与荧光灯配合起来使用。

图4–44　传统式灯具

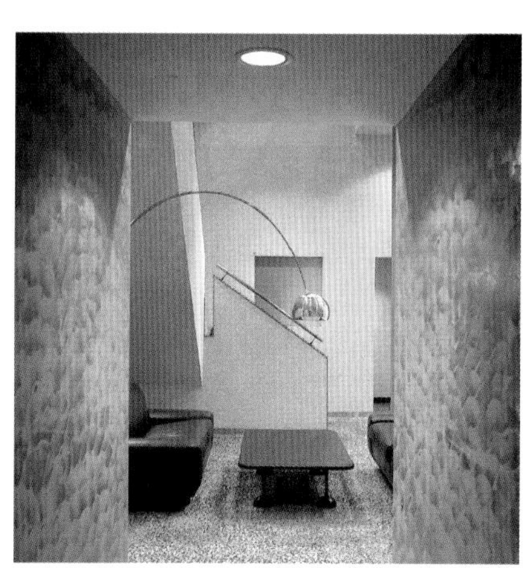

图4–45　现代流行灯具造型

4.5.2　灯具的造型

现今的灯具造型丰富多彩，各式各样的造型无疑给室内设计师提供了极大的选择余地。尽管灯具的造型千变万化，品种繁多，但大体上可以分为以下几种类型：

1）传统式造型：传统式造型强调传统的文化特色，给人一种怀旧的意味。譬如，中国的传统宫灯强调的是中国式古典文化韵味，安装在按中国传统风格装修的室内空间里，的确能起到画龙点睛的作用。传统造型里还有地域性的差别，如欧洲古典的传统造型的典型代表水晶吊灯，便来源于欧洲文艺复兴时期的崇尚和追求灯具装饰的风格。尽管现今这类造型并不是照搬以前的传统式样，有了许多新的形式变化，但从总体的造型格式上来说，依旧强调的是传统特点。日本的竹、纸制作的灯具也是极有代表性的例子。传统灯具造型使用时必须注意室内环境与灯具造型的文化适配性（图4–44）。

2）现代流行造型：这类造型多是以简洁的点、线、面组合而成的一些非常明快、简单明朗，趋于几何形、线条型的造型。具有很强的时代感，色彩也多以响亮的，较纯的色彩，如红、白、黑等为主。这类造型非常注意造型与材料、造型与功能的有机联系，同时也极为注重造型的形式美（图4–45）。

3）仿生性造型：这类造型多以某种物体为模本，加以适当的造型处理而成。在模仿程度上有所区别，有些极为写实，有些则较为夸张、简化，只是保留物体的某些特征。如仿花瓣形的吸顶灯、吊灯、壁灯等，以及火炬灯、蜡烛灯等。这类造型有一定的趣味性，一般适用于较轻松的环境，不宜在公共环境或较严肃的空间内使用（图4-46）。

4）组合造型：这类造型由多个或成组的单元组成，造型式样一般为大型组合式，是一种适用于大空间范围的大型灯具。从形式上讲，单个灯具的造型可以是简洁的，也可以是较复杂的，主要还是整体的组合形式。一般都运用一种比较有序的手法来进行处理，如四方、六角、八合，等等，总的特点是强调整体规则性（图4-47）。

图4-46　仿花瓣的灯具造型

图4-47　灯具的单元组合造型

4.5.3　灯具选型

室内设计中，照明设计应该和家具设计一样，由室内设计师提出总体构思和设计，以求得室内整体的统一。但是由于受到从设计到制作的周期和造价等一系列因素的制约，大部分灯具只能从商场购买，所以选择灯具成为一项重要的工作。

（1）灯具的构造

为选好灯具，需要对灯具的构造有一定的了解，以便于更准确地选择。从灯具的制造工艺来看，大体上可以分为以下几种：

1）高级豪华水晶灯具：多半是由铜或铝等做骨架，进行镀金或镀铜等处理，然后再配以各种形状（粒状、片状、条状、球状等）的水晶玻璃制品。水晶玻璃含24%以上的铅，经过压制、车、磨、抛光等加工处理，使制品晶莹透彻，菱形折光，熠熠生辉。另外，还有一种静电喷涂工艺，水晶玻璃经过化学药水处理，也可以达到闪光透亮的效果。

2）普通玻璃灯具：普通玻璃灯具按制造工艺大致可以分为两种类型：

①普通平板玻璃灯具：用透明或茶色玻璃经刻花，或蚀花、喷砂、磨光、压弯、钻孔等各种加工，制作成各种玻璃灯具。

②吹模灯：根据一定形状的模具，用吹制方法将加热软化的玻璃吹制成一定的造型，表面还可以进行打磨、刻花、喷砂等处理，加以配件组合成灯具。

3）金属灯具：多半是用金属材料，如铜、铝、铬、钢片等，经冲压，拉伸折角等成一定形状，表面加以镀铬、氧化、抛光等处理。筒灯就是典型的金属灯具。

（2）选择灯具的要领

1）灯具的选型必须与整个环境的风格相协调。譬如，同是为餐厅设计照明，一个是西餐厅，另一个是中式餐厅，因为整体的环境风格不一样，灯具选择必然也不一样。一般来说，中式餐厅的灯具可以考虑具有中国传统风格的八角形挂灯或灯笼形吊灯等，而西餐厅也许选择玻璃或水晶吊灯更符合欧式风格（图4–48）。

2）灯具的规格与大小尺度要与环境空间相配合：尺度感是设计中一个很重要的因素，一个大的豪华吊灯装在高空间的宾馆大堂里也许很合适，突出和强调了空间特性。但是同一个灯具装在一间普通客厅或卧室里，它便可能破坏了空间的整体感觉。因此，选择灯具的大小要考虑空间的大小，空间层高较低时，尽量不要选择过大的吊灯或吸顶灯，可以考虑用镶嵌灯或体积较小的灯具（图4–49）。

3）灯具的材料质地要有助于增加环境艺术气氛：每个空间都有自己的空间性格和特点，灯具作为整体环境的一个部分，同样起着相当的作用。无论空间强调的是朴素的、乡土气息的，还是强调富丽堂皇的、宫廷气氛的，都必须选用与材料质地相匹配的灯具。一般情况下，强调乡土风格的可以考虑用竹、木、藤等材料制作的灯具，而豪华水晶、玻璃灯更适合于欧式风格的一些空间环境（图4–50）。

图4–48　灯具的造型应与空间的整体风格一致

图4–49　灯具的尺度应考虑空间的大小

图4–50　不同材料制作的灯具也需要与空间的整体气氛和风格协调

参考文献

[1] 刘永德 . 建筑空间的形态、结构、涵义、组合[M] . 天津：天津科学技术出版社，1998 .
[2] STRUART MILLER & JUDITH K · SCHLITT. INTETIOR SPACE[M] . 纽约CBC公司，1985 .
[3] 霍维国 . 室内设计[M] . 西安：西安交通大学出版社，1985 .
[4] 侯平治 . 现代室内设计[M] . 台北：大陆书店出版社，1986 .
[5] 程大锦 . 建筑：形式、空间和秩序[M] . 北京：中国建筑工业出版社，1987 .
[6] 程大锦 . 室内设计图解[M] . 北京：中国建筑工业出版社，1992 .
[7] 李庄稼 . 现代色彩设计[M] . 北京：中国轻工业出版社，1987 .
[8] 施淑文 . 建筑环境色彩设计[M] . 北京：中国建筑工业出版社，1991 .
[9] 保罗 · 拉索 . 建筑表现手册[M] . 周文正，译 . 北京：中国建筑工业出版社，2001 .
[10] 刘芳，苗阳 . 建筑空间设计[M] . 上海：同济大学出版社，2001 .
[11] P.L.奈尔维 . 建筑的艺术与技术[M] . 北京：中国建筑工业出版社，1981 .
[12] 彭一刚 . 建筑空间组合论[M] . 北京：中国建筑工业出版社，1983 .
[13] 托伯特，哈姆林 . 建筑形式美的原则[M] . 邹德侬，译 . 北京：中国建筑工业出版社，1982 .
[14] 田银生，刘韶军 . 建筑设计与城市空间[M] . 天津：天津大学出版社，2000 .
[15] 王小慧 . 建筑文化 · 艺术及其传播——室内外视觉环境设计[M] . 天津：百花文艺出版社，2000 .
[16] 布鲁诺 · 赛维 . 建筑空间论——如何品评建筑[M] . 张仙赞，译 . 北京：中国建筑工业出版社，1985 .
[17] 扬 · 盖尔 . 交往与空间[M] . 何人可，译 . 北京：中国建筑工业出版社，1992 .